现代化新征程丛书

隆国强　总主编

FUTURE URBAN

DIGITAL REPRODUCTION OF COMMUNITIES & SMART CONSTRUCTION

未来城市

万维社群

聂　影　著

中国发展出版社
CHINA DEVELOPMENT PRESS

图书在版编目（CIP）数据

未来城市 ：万维社群 / 聂影著. — 北京 ：中国发展出版社，2024. 11. — ISBN 978-7-5177-1436-1

Ⅰ．TU984

中国国家版本馆 CIP 数据核字第 202464JS82 号

书　　　名：未来城市：万维社群
著作责任者：聂　影
责 任 编 辑：王　沛　胡文婕
出 版 发 行：中国发展出版社
联 系 地 址：北京经济技术开发区荣华中路 22 号亦城财富中心 1 号楼 8 层（100176）
标 准 书 号：ISBN 978-7-5177-1436-1
经 销 者：各地新华书店
印 刷 者：北京博海升彩色印刷有限公司
开　　　本：710mm×1000mm　1/16
印　　　张：19.25
字　　　数：231 千字
版　　　次：2024 年 11 月第 1 版
印　　　次：2024 年 11 月第 1 次印刷
定　　　价：98.00 元

联 系 电 话：（010）68990625　68990630
购 书 热 线：（010）68990682　68990686
网 络 订 购：http://zgfzcbs.tmall.com
网 购 电 话：（010）88333349　68990639
本 社 网 址：http://www.develpress.com
电 子 邮 件：370118561@qq.com

联合编制单位

国研智库

中国社会科学院工业经济研究所

中共浙江省委政策研究室

工业和信息化部电子第五研究所（服务型制造研究院）

清华大学技术创新研究中心

清华大学人工智能国际治理研究院

清华大学美术学院

上海交通大学健康长三角研究院

上海交通大学健康传播发展中心

浙江省发展规划研究院

苏州大学北京研究院

江苏省产业技术研究院

中国大唐集团有限公司

广东省交通集团有限公司

行云集团

上海昌进生物科技有限公司

广东利通科技投资有限公司

总　序

　　党的二十大报告提出，从现在起，中国共产党的中心任务就是团结带领全国各族人民全面建成社会主义现代化强国、实现第二个百年奋斗目标，以中国式现代化全面推进中华民族伟大复兴。当前，世界之变、时代之变、历史之变正以前所未有的方式展开，充满新机遇和新挑战，全球发展的不确定性不稳定性更加突出，全方位的国际竞争更加激烈。面对百年未有之大变局，我们坚持把发展作为党执政兴国的第一要务，把高质量发展作为全面建设社会主义现代化国家的首要任务，完整、准确、全面贯彻新发展理念，坚持社会主义市场经济改革方向，坚持高水平对外开放，加快构建以国内大循环为主体、国内国际双循环相互促进的新发展格局，不断以中国的新发展为世界提供新机遇。

　　习近平总书记指出，今天，我们比历史上任何时期都更接近、更有信心和能力实现中华民族伟大复兴的目标。中华民族已完成全面建成小康社会的千年夙愿，开创了中国式现代化新道路，为实现中华民族伟大复兴提供了坚实的物质基础。现代化新征程就是要实现国家富强、民族振兴、人民幸福的宏伟目标。在党的二十大号召下，全国人民坚定信心、同心同德，埋头苦干、奋勇前进，为全面建设社会主义现代化国家、全面推进中华民族伟大复兴而团结奋斗。

　　走好现代化新征程，要站在新的历史方位，推进实现中华民族伟大复兴。党的十八大以来，中国特色社会主义进入新时代，这是我国发展新的历史方位。从宏观层面来看，走好现代化新征程，需要站在新的历史方位，客观认识、准确把握当前党和人民事业所处的发展阶段，不断推动经济高质量发展。从中观层面来看，走好现代化新征程，需要站在新的历史方位，适应我国参与国际竞合比较优势的变化，通过深化供给侧结构性改革，对内解决好发展不平衡不充分问题，对外化解外部环境新矛盾新挑战，实现对全球要素资源的强大吸引力、在激烈国际竞争中的强大竞争力、在全球资源配置中的强大推动力，在科技高水平自立自强基础上塑造形成参与国际竞合新优势。从微观层面来看，走好现代化新征程，需要站在新的历史方位，坚持系统观念和辩证思维，坚持两点论和重点论相统一，以"把握主动权、下好先手棋"的思路，充分依托我国超大规模市场优势，培育和挖掘内需市场，推动产业结构优化和转型升级，提升产业链供应链韧性，增强国家的生存力、竞争力、发展力、持续力，确保中华民族伟大复兴进程不迟滞、不中断。

走好现代化新征程，要把各国现代化的经验和我国国情相结合。实现现代化是世界各国人民的共同追求。随着经济社会的发展，人们越来越清醒全面地认识到，现代化虽起源于西方，但各国的现代化道路不尽相同，世界上没有放之四海而皆准的现代化模式。因此，走好现代化新征程，要把各国现代化的共同特征和我国具体国情相结合。我们要坚持胸怀天下，拓展世界眼光，深刻洞察人类发展进步潮流，以海纳百川的宽阔胸襟借鉴吸收人类一切优秀文明成果。坚持从中国实际出发，不断推进和拓展中国式现代化。党的二十大报告系统阐述了中国式现代化的五大特征，即中国式现代化是人口规模巨大的现代化、是全体人民共同富裕的现代化、是物质文明和精神文明相协调的现代化、是人与自然和谐共生的现代化、是走和平发展道路的现代化。中国式现代化的五大特征，反映出我们的现代化新征程，是基于大国经济，按照中国特色社会主义制度的本质要求，实现长期全面、绿色可持续、和平共赢的现代化。此外，党的二十大报告提出了中国式现代化的本质要求，即坚持中国共产党领导，坚持中国特色社会主义，实现高质量发展，发展全过程人民民主，丰富人民精神世界，实现全体人民共同富裕，促进人与自然和谐共生，推动构建人类命运共同体，创造人类文明新形态。这既是我们走好现代化新征程的实践要求，也为我们指明了走好现代化新征程的领导力量、实践路径和目标责任，为我们准确把握中国式现代化核心要义，推动各方面工作沿着复兴目标迈进提供了根本遵循。

走好现代化新征程，要完整、准确、全面贯彻新发展理念，着力推动高质量发展，加快构建新发展格局。高质量发展是全面建设社会主义现代化国家的首要任务。推动高质量发展必须完整、准确、全面贯彻新发展理念，让创新成为第一动力、协调成为内生特点、绿色成为普遍形态、开放成为必由之路、共享成为根本目的，努力实现高质量发展。同时，还必须建立和完善促进高质量发展的一整套体制机制，才能保障发展方式的根本性转变。如果不能及时建立一整套衡量高质量发展的指标体系和政绩考核体系，就难以引导干部按照新发展理念来推进工作。如果不能在创新、知识产权保护、行业准入等方面建立战略性新兴产业需要的体制机制，新兴产业、未来产业等高质量发展的新动能也难以顺利形成。

走好现代化新征程，必须全面深化改革、扩大高水平对外开放。改革开放为我国经济社会发展注入了强劲动力，是决定当代中国命运的关键一招。改革开放以来，我国经济社会发展水平不断提升，人民群众的生活质量不断改善，经济发展深度融入全球化体系，创造了举世瞩目的伟大成就。随着党的二十大开启了中国式现代化新征程，需要不断深化重点领域改革，为现代化建设提供体制保障。2023 年中央经济工作会议强调，必须坚持依靠改革开放增强发展内生动力，统筹推进深层次改革和高水平开放，不断解放和发展生产力、激发和增强社会活力。第一，要不断完善落实"两个毫不动摇"的体制机制，充分激发各类经营主体的内生动力和创新活力。公有制为主体、多种所有制经济共同发展是我国现代化建设的重要优势。推动高质量发展，需要深化改革，充分释放各类经营主体的创新活力。应对国际环境的复杂性、严峻性、不确定性，克服"卡脖子"问题，维护产业链供应链安全稳定，同样需要为各类经营主体的发展提供更加完善的市场环境和体制环境。第二，要加快全国统一大市场建设，提高资源配置效率。超大规模的国内市场，可以有效分摊企业研发、制造、服务的成本，形成规模经济，这是我国推动高质量发展的一个重要优势。第三，扩大高水平对外开放，形成开放与改革相互促进的新格局。对外开放本质上也是改革，以开放促改革、促发展，是我国发展不断取得新成就的重要法宝。对外开放是利用全球资源全球市场和在全球配置资源，是高质量发展的内在要求。

知之愈明，则行之愈笃。走在现代化新征程上，我们出版"现代化新征程丛书"，是为了让社会各界更好地把握当下发展机遇、面向未来，以奋斗姿态、实干业绩助力中国式现代化开创新篇章。具体来说，主要有三个方面的考虑。

一是学习贯彻落实好党的二十大精神，为推进中国式现代化凝聚共识。党的二十大报告阐述了开辟马克思主义中国化时代化新境界、中国式现代化的中国特色和本质要求等重大问题，擘画了全面建成社会主义现代化强国的宏伟蓝图和实践路径，就未来五年党和国家事业发展制定了大政方针、作出了全面部署，是中国共产党团结带领全国各族人民夺取新时代中国特色社会主义新胜利的政治宣言和行动纲领。此套丛书，以习近平新时代中国特色社会主义思想为指导，认真对标对表党的二十大报告，从报告原文中找指导、从会议精神中找动力，用行动践行学习宣传贯彻党的二十大精神。

二是交流高质量发展的成功实践，释放创新动能，引领新质生产力发展，为推进中国式现代化汇聚众智。来自20多家智库和机构的专家参与本套丛书的编写。丛书第二辑将以新质生产力为主线，立足中国式现代化的时代特征和发展要求，直面各个地区、各个部门面对的新情况、新问题，总结借鉴国际国内现代化建设的成功经验，为各类决策者提供咨询建议。丛书内容注重实用性、可操作性，努力打造成为地方政府和企业管理层看得懂、学得会、用得了的使用指南。

三是探索未来发展新领域新赛道，加快形成新质生产力，增强发展新动能。新时代新征程，面对百年未有之大变局，我们要深入理解和把握新质生产力的丰富内涵、基本特点、形成逻辑和深刻影响，把创新贯穿于现代化建设各方面全过程，不断开辟发展新领域新赛道，特别是以颠覆性技术和前沿技术催生的新产业、新模式、新动能，把握新一轮科技革命机遇、建设现代化产业体系，全面塑造发展新优势，为我国经济高质量发展提供持久动能。

"现代化新征程丛书"主要面向党政领导干部、企事业单位管理层、专业研究人员等读者群体，致力于为读者丰富知识素养、拓宽眼界格局，提升其决策能力、研究能力和实践能力。丛书编制过程中，重点坚持以下三个原则：一是坚持政治性，把坚持正确的政治方向摆在首位，坚持以党的二十大精神为行动指南，确保相关政策文件、编选编排、相关概念的准确性；二是坚持前沿性，丛书选题充分体现鲜明的时代特征，面向未来发展重点领域，内容充分展现现代化新征程的新机遇、新要求、新举措；三是坚持实用性，丛书编制注重理论与实践的结合，特别是用新的理论要求指导新的实践，内容突出针对性、示范性和可操作性。在上述理念与原则的指导下，"现代化新征程丛书"第一辑收获了良好的成效，入选中宣部"2023年主题出版重点出版物选题"，相关内容得到了政府、企业决策者和研究人员的极大关注，充分发挥了丛书服务决策咨询、破解现实难题、支撑高质量发展的智库作用。

"现代化新征程丛书"第二辑按照开放、创新、产业、模式"四位一体"架构进行设计，包含十多种图书。其中，"开放"主题有"'地瓜经济'提能升级""跨境电商"等；"创新"主题有"科技创新推动产业创新""前沿人工智能"等；"产业"主题有"建设现代化产业体系""储能经济""合成生物""绿动未来""建设海洋强国""产业融合""健康产业"等；"模式"主题有"未来制造""未来城市"等。此外，丛书编委会根据前期调研，撰写了"高质量发展典型案例（二）"。

相知无远近，万里尚为邻。丛书第一辑的出版，已经为我们加强智库与智库、智库与传播界之间协作，促进智库研究机构与智库传播机构的高水平联动提供了很好的实践，也取得社会效益与经济效益的双丰收，为我们构建智库型出版产业体系和生态系统，实现"智库引领、出版引路、路径引导"迈出了坚实的一步。积力之所举，则无不胜也；众智之所为，则无不成也。我们希望再次与大家携手共进，通过丛书第二辑的出版，促进新质生产力发展、有效推动高质量发展，为全面建成社会主义现代化强国、实现第二个百年奋斗目标作出积极贡献！

隆国强

国务院发展研究中心副主任、党组成员

2024 年 3 月

前　言

本书起源于一个非常简单的思考：国家对"建筑工业化"的要求，至少有二三十年了，前后还有"建筑部品化""装配式建筑"等多种提法和政策出台，但推行成果并不理想。与之形成对比的是，中国制造业的规模和水平已独步全球，却都无法有效支持建筑业。甚至中国现有的制造业和建筑业的规模与水平，都远超发达国家当年推行建筑工业化的时代。为何更高的科技水平没能帮助我们全面完成中国的"建筑工业化"呢？

几乎所有自己装修过住宅的人都深感建筑与室内设计之间的割裂，这让购房者在迁入新居之前，永远得经过折磨人的拆墙、打洞、改造管线等耗时费钱的家装过程。人们常感疑惑：为何我花费不菲买到的房子不能按照我自己的意愿来"交货"呢？或者像买汽车那样，可以自己选择配置，若有特殊定制内容，我们只需按照标准去加价和延长收货周期即可。如果对比电商网购，我们更感挫折。不过也得承认，网购的个性化、高效率和消费体验，的确使消费者的要求提高了，人们渴望只要动动手指，过不了多久就能得到一件自己满意的房屋产品。

今天看来这些想法类似天方夜谭，但到了人工智能（AI）时代，谁又能说得清这是"理想"，还是"现实"呢？从技术发展的角度看，实现"理想"的障碍，恐怕还真不在工程技术上，而存在于更复杂的社会、政策，甚至心理和观念层面。

　　与国家倡导"建筑工业化"并行的是，从 20 世纪 90 年代后期开始，中国房地产业的快速发展带动了城市商品房的大幅增长，有效改善了民众生活、城市建设，推进了经济发展。房地产业发展的一个直接后果就是建筑师成了房地产商的乙方，室内设计师成为购房者的乙方。与此同时，为了生产安全和经济安全，国家各部门都在出台政策，框定边界，加强管理。市场经济越发展，行业管理越严格，行业边界越清晰，反而越不利于建筑和室内的行业贯通，也不利于跨专业人才的培养——没有"通识型"的设计师，就不会有人能从头到尾地为购房者打算，为使用者尽心，当然更不利于产业链条的全面整合升级。

　　当"数字基建"成为国家政策、"智慧生活"成为社会共识，尚未完成全面"工业化"的中国建筑业，不得不面对另一次技术革命。而且，这次技术革命要求更大规模的专业集成，要求彻底变革房屋生产方式和市场逻辑，甚至要求全新的城市形态和城市更新模式。这对习惯了粗放型地产逻辑的建筑行业来说，更是难上加难。虽然各种新政策、新科研项目层出不穷，如果不进行思想观念的革新，恐怕仍难开花结果，最终只能不了了之。

　　"像造汽车一样造房子"的愿望由来已久，但"建筑生产"产业应向"汽车制造"产业学习什么仍需深入讨论。任何行业的产业链建设都不完全属于技术范畴，也不是科学技术能完全覆盖住的。更何况，连"汽车制造"的方式都在改变。"建筑生产"产业不仅得补上之前的短板，还得跟"汽车制造"业，甚至"数字基建"共同前进。对行业而言，这无疑是更大的挑战。

　　以往建筑业对装配式建筑或工业化房屋的讨论，大多只停留在建筑结构和生产工艺的范畴中，几乎鲜少从经济和社会学视角来讨论问题；与此同时，经济学家和社会学家又对建造技术和产业所知寥寥，难以达成学术共鸣和共振。

本书跳出建筑工业化和产业化的常规视角和研究方法，尝试通过现代"工业设计"的视角，从数字 AI 时代的新型生活方式出发，分析中国城乡的新形态，努力把工业化房屋生产的技术体系纳入文化和社会背景中来研究，试着解释"万维社群"和"智能建造"之间的内在关联性，也提出了 AI 时代技术革命可能带给从业者的各种困扰。

"万维社群"和"智能建造"

本书涉及内容较多，很难面面俱到，难以提供完整具体的操作手册，只能提供一些新的研究视角，给出逻辑分析并探索新型工作模式。为方便读者阅读，每章都有"内容提要"对该章内容进行整体说明，并增补了一些相关资料；书中列出的示意图，与正文内容相辅相成，便于读者查询。

本书的研究分两大部分："万维社群"和"智能建造"。

"万维社群"的提法是本书的首创。"万维"一词引申自"万维网"。"万维网"是全球信息网（World Wide Web）的简称，常规理解中跟"互联网"（Internet）一词的基本意思一致。"万维社群"模式研究源于对数字 AI 时代城市形态、城乡关系和房屋建造的新思考。

当社会生活、文化学习、市场交易、政策管理等日常生活的方方面面越来越多地在网上展开时，当数字 AI 技术无孔不入地进入日常生活，特别是新能源汽车和智能驾驶已在路上，现有的城市街道、建筑和室内空间形态都将随之发生重大变化，不仅有造型、风格和尺度上的变化，连预设功能、排列布局和评价标准，都在变化。实体空间的尺寸、造型、功能与文化属性和社会认知的关联性愈发松散、模糊，因此，从古典时代到工业时代的实体空间的设计和建造原则，即通过实体空间的隔绝或连通来表达观念、组织人群和管理城市的逻辑已被彻底颠覆。

本书认为，数字 AI 时代的中国城乡风貌既受到新技术的影响，也受到中国传统文化和西方规划理论的影响，将逐渐形成自己的特色。

在人类历史中，城市形态虽然受到技术水平和规划思想的影响，但其宏观形态和布局方式还是主要反映国家或城市主导者的意志。这也才能解释为何在古代，当生产力条件大致相当时，不同国家或地区的城市形态各不相同。

工业革命以后的西欧和北美地区，充分应用各种现代科技打造出了一座座壮观的现代城市。这让我们一度以为，"现代化城市"就应该长成这个样子，拼命学习发达国家的规划理论和建设方式，却忽略了任何国家、任何地区的城市建设和城市形态不仅是科技成就的展现，还是历史文化的产物。几乎所有的后发展国家都面临这个难题：如何让"本土化"与"现代化"相融。其本质不是规划设计的议题，而是文化结构和意识形态的冲突。

当代中国科技已取得长足进步，让我们有足够的能力和底气，抛开工业时代以来的所谓西方城市规划原则和手法，遵循数字时代的科技发展规律、国家主导的科技发展方向，尊重中国传统文化、规划建设行业现有技术手段，探寻一种具有"当代中国特色"的新型城乡形态和全新的规划建设模式。

本书提出的"万维社群"观念，既是对数字 AI 时代、"数字基建"和"新质生产力"的一种回应，也是突破城乡边界、实现"城乡一体化"生活意向的现实抓手。

"智能建造"是个热点话题，但专家们的研究视角不同：有工程视角、政策视角、投资视角及数字 AI 技术的视角。实事求是地讲，许多讨论角度确非本书专长，所以本书对各领域专家们的论述都尊重。本书讨论的"智能建造"注重如下两点。

一是"智能建造"绝不是在"建造"前面只加个前缀，不是对现有房屋建造体系、建造技术的修修补补，而是一个全新的系统。但越是全新的东西，就越难以被框定在已有的政策和技术框架中来讨论，特别是在其开发的早期。市场拓展、人员吸纳、标准制定，甚至投资回报等，可能反而是更重要的研究领域。因为这些领域的做法和措施才能为技术的发展提供施展空间，甚至指明方向。本书提出的"万维社群"观念，恰恰能与"智能建造"完美结合，前者能让后者大展拳脚，后者能帮助前者逐步落地。

二是中国已有的房地产模式虽然为改善城市风貌和民众生活作出重大贡献，但其发展能量已至极限。现有房地产模式无论从商业开发角度，还是从房屋建造流程看，都是一种粗放型模式，已愈发不适应城乡改造升级项目的精细化、小规模、灵活性、个性化的要求。

本书认为，如果能把土地使用与房屋建造分开处理，如在计费、管理或交易等方面，打造一种"新型地产"模式，将能极大地解放房屋生产建设的生产力，激发出的"新质生产力"和积极性将极为惊人。

"房屋"和"建筑"

"房屋"和"建筑"两个名词在本书中大量出现。在专业讨论中，"房屋"和"建筑"的内涵有很大不同。

"房屋"的内涵比较简单，可指任何造型、任何功能的实体建筑。不过总体说来，能被称为"房屋"的，一般都是看上去较普通的中小型建筑，造型、材料或结构也较普通和常见。除日常生活中的常见房屋外，哪怕早期现代主义的著名建筑，特别是一些小住宅（如弗兰克·劳埃德·赖特早期的住宅作品），都可被称为"房屋"。

"建筑"一词当然已包含"房屋"的意义，但"建筑"又超越了"房屋"，至少还包括如下几点：一是"建筑"不仅指"房屋"实体，还可指实体框架、墙体等构件围合或半围合出来的空间；二是造型特殊、有可识别性的城市地标，一般都被称为"建筑"而非"房屋"；三是体量巨大的房屋一般都被称为"建筑"，连车间厂房都如此；四是与建筑相关的历史和文化信息，也是"建筑"的必要内容。因此在大部分正式讨论中，人们偏爱"建筑"一词，因其内涵丰富，既有历史文化属性，又有社会心理、科技和经济属性。还有，广义的建筑行业其实涉及从规划建设到投入使用的全过程，但因国家专业分工的传统所致，目前的建筑师和建筑设计院大多只负责其中一部分工作（工作量最大、技术难度最高的那部分），不然建筑设计和室内设计就不应被分成两个阶段，应是后者属于前者了。因此为避免麻烦，除非特指以上几种"建筑"的内涵之外，本书中尽量避开"建筑"一词。

对比而言，本书讨论的城乡规划建设新模式、新型地产和智能建造等主题，与"房屋"一词的内涵更贴合。因为智能建造方式最关注的是生产体系，而不强调建筑的艺术性、独特性或原创性，虽然这并不是说智能建造体系不能生产出艺术性很强的建筑。因此本书行文时，尽量采用"房屋"一词，内涵边界更清晰，也尽量与数字时代的生产方式直接对应；只在既定的专有名词中，还是沿用了"建筑"一词，如建筑设计、建筑设计院、建筑工业化等。

"房屋生产"和"空间生产"

"房屋生产"很好理解，就是"像造汽车一样造房子"，在数字 AI 时代人们还得开发出"房屋生产"的"智能建造"方式。当然这些都是本书讨论的内容之一。另外，"房屋生产"一词还隐含着建造业向制造业转变的大趋势。

"空间生产"一词，借鉴了亨利·列斐伏尔和大卫·哈维等人的说法。他们用"空间生产"这个词来说明，在资本主义社会中，城市空间的营造，在本质上体现了资本主义的经济和社会逻辑，城市发展中的很多"死结"，未必是技术问题，而主要是资本主义生产关系的内在矛盾所致。

这些讨论能给中国研究者极大启发：当我们讨论房屋的"智能建造"时，它就从来不是单纯的设计或技术问题，而是深受经济逻辑和社会逻辑影响的领域。因此本书借用了"空间生产"的学术逻辑，来探讨在中国的社会、政治、历史和经济背景下，我们的"空间生产"不仅应符合技术逻辑，还应符合社会现实、政治理想和文化传统，在快速发展的数字经济和人工智能时代，这也是中国制度优势的现实表达。

工业化、产业化和产品化

在研究建筑工业化的论文中，"工业化"和"产业化"两个词都经常出现，有时还会混用或互相替换。但实际上，"工业化"和"产业化"是两件事，"工业化"侧重于生产方式，包括工具、技术和方法；而"产业化"则强调产业链建设的完整性，产业链的建设就不完全是技术问题，同时涉及市场、金融、人力资源和公共政策等更宽泛的内容。

"工业化"和"产业化"常混合出现的原因在于，几乎所有发达国家的建筑"工业化"生产体系，都是依靠建筑"产业化"的完善才真正完成的。而今天中国的房屋生产建造领域，其实"工业化"程度已经很高了，但"产业化"仍不完善，因此严格说来，中国的建筑"工业化"尚未完全达成。

"产品化"既是一种思维方式，也是一种分析角度。"产品化"思维主要来自现代工业产品的设计制造流程：任何有目的的现代生产过程，都从生产端、消费端及介于其间的投资、研发、生产、销售等若干环节来分析问题。这个视角是建筑工业化得以真正实现，建筑产业化能真正完成的重要抓手，也是本书讨论的基本视角之一。

数字化、智能化、智慧化、网络化

在讨论建筑工业化和智能建造之时，难免会提到"数字化""智能化""智慧化"和"网络化"等词汇，名词的丰富、重叠甚至混乱，说明某个时代这个领域的变动非常急速而剧烈。

本书并非一部严格的技术著作，因此并不对以上词语做严格区分，为便于读者理解，行文中使用的相关词语只取其大众理解的常规意义。

感谢我的多年朋友王淞庆和邓怀远两位老师，他们跟我分享了许多施工经验，告诉我数字化的生产施工手段能让材料的艺术性在建筑和室内空间中得到更好体现。

感谢我的两位博士生王瑶和崔宗阳同学，他们查阅了大量资料，为本书的研究提供了许多基础案例；崔宗阳同学还帮我绘制了全部的分析示意图。

本书涉及内容庞杂，难免有挂一漏万之处，还请各位读者朋友指正。

聂　影

2024 年 6 月 30 日

目　录

第一章　从功能城市到"万维社群" …………………… 1

一、城市形态与社会形态 …………………2

二、城市规划与城市空间理论 …………………6

三、规划建设的意向表述 ………… 25

四、功能城市转向"万维社群" ………… 31

第二章　"游牧人生"与"万维社群"…………………39

一、数字 AI 时代的"游牧人生" ………… 40

二、"万维社群"原型 ………… 47

三、"万维社群"模式分析 ………… 61

第三章　"万维社群"呼唤"新型地产"…………………81

一、发达国家的经验与启示 ………… 82

二、中国房地产和建造业的经验与启示 …………110

三、"万维社群"需要"十地与房屋分离" …………123

四、"万维社群"需要"房屋生产"新模式 …………145

第四章 "像造汽车一样造房子"⋯⋯⋯⋯⋯⋯⋯⋯ **153**

一、"房子"对标"车子"：基于市场的生产体系 ⋯⋯⋯⋯155
二、从建造业到制造业：回归中国传统营造思想 ⋯⋯⋯⋯167
三、房屋建造新流程 ⋯⋯⋯⋯⋯⋯⋯⋯⋯⋯⋯⋯⋯190

第五章 "智能建造"与"数字平台"⋯⋯⋯⋯⋯⋯⋯ **205**

一、数字平台的服务对象 ⋯⋯⋯⋯⋯⋯⋯⋯206
二、数字平台的无限潜能 ⋯⋯⋯⋯⋯⋯⋯⋯216
三、智能建造的广阔前景 ⋯⋯⋯⋯⋯⋯⋯⋯237
四、智能建造的人才培养 ⋯⋯⋯⋯⋯⋯⋯⋯264

后记：科技、人文与行政管理⋯⋯⋯⋯⋯⋯⋯⋯ **279**

第一章

从功能城市到
"万维社群"

本章提要

迄今为止，人类历史上所有城市形态，都是在两个层级上塑造的：其一是实体空间的划分和建设，其二是信息传播的阻隔或通达。城市规划史和建筑史大多只对前者进行描述分析，对后者的研究其实是从传播学成熟后才逐渐进入现代学术视野的。

早期人类城市，特别是名城或都城，大多是那个国家那个时代的政治、经济、军事、伦理的物质形态呈现，可能各有侧重，也可能兼而有之。通过空间隔离或礼仪训诫，人们通常只能在规定的范围内、自己所属的阶层中活动。工业革命以后，现代城市基于工业生产关系而建设的城市形态日渐成熟，现代城市规划理论和设计手法也愈发成熟，工业化国家的大城市也渐渐成为世界各国现代化城市建设的样本。

当数字 AI 时代来临，数字技术完全不受既有的实体空间和信息渠道限制，城市形态和城乡生活中实体范围的重要性不得不向后退却。而以往的城市历史文化研究中，从来不被看重的能源中心和信息中心走上前台，成为主导城市形态和城乡扩展的核心要素。能源中心和信息中心的互联互通与环环相扣，成为"万维社群"建设的基础。

一、城市形态与社会形态

（一）城市形态研究的一般范围

目前，关于城市历史和城市形态的研究，除常见的城市规划理论外，还包括如下四个方面。

一是城市长成什么样子，通过考古成果或历史文献来告诉我们，某个（古代的或近代的）城市的边界、墙体、建筑是什么样子。二是对城市建设的各种工程技术、材料加工、工程组织等的深入分析。三是通过对城市和建筑的尺度比例、色彩等的分析，再对照史书史料上的记载，来分析与探究古代城市建设的哲学思想和文化传承（如故宫的研究成果）。四是研究资料愈发丰富时，学者们的研究重心开始向城市中人们的日常生活转移，这时，学术研究中的城市生活图景愈发立体和丰富起来。到了这个阶段，关于城市形态的研究就可沿着不同的学术逻辑深入下去，比如哲学、社会学和大众传媒等。

本书关于"城市空间"和"生产关系"的讨论主要沿着技术哲学和社会学研究的逻辑展开。但各种大众传媒（如影视剧）的普及，也能帮助普通民众理解某个古老城市中不同人物的生活场景。人们越来越明白，任何时代对任何人生活范围、思想边界的限定，既源于实体空间的隔绝、延伸，也源于思想教化、礼仪规范的代代相传。

（二）借用信息传播理论

麦克卢汉[①]的信息传播理论能为城市形态研究提供不同的视角。按照传播学理论，人类历史的不同发展阶段，因为信息传播的媒介不同、方式不同，社会形态、民众生活方式和人们的思想边界等便有极大的不同。而信息传播的边界、频度、效率和效果，与很多社会和技术条件都有关，如民众的识字水平、印刷业发展情况，甚至书写方式等。

一般说来，城市的发展是由小到大，不断拓展（如罗马城）的，

---

① 马歇尔·麦克卢汉（Marshall McLuhan，1911—1980年），加拿大媒介理论家、思想家。他的作品《机器新娘》和《理解媒介》有中译本。

或先圈划范围再一并建设（如长安城、紫禁城）。无论如何，当居住人口众多、城市不断发展之时，城市内的加建、改造和重建，甚至城市的不断扩张等活动，从未停止。但所有建设活动都是在城市可控范围内进行，而且仍然是既有的空间区隔方式的不断复制。传播学理论对规划理论和城市发展研究的最大启发在于：当技术进步时，原有的社会生活、阶层划分和空间划分可能被冲破，主动地或被动地，人类生活将被拖入新时代。

（三）数字 AI 时代之前的城市形态

所有伟大的城市，都是那个时代政治、经济、观念、生活的真实物质呈现。物理空间和信息传播，塑造了人类生活和想象力的边界。

资本主义商业发展早期，现代印刷业推动了报纸的普及。从殖民资本主义到工业资本主义时代，城市形态和民众生活发生了重大变化，城市中出现了火车站、医院、监狱、学校、剧院、百货商场、工人新村等地方，特别是博物馆和城市公园的出现，让现代城市的性格迥异于古典时代。家庭中也增加了书房、儿童房、小客厅、独立卫生间等，再以后，四轮轿车、高楼大厦、高速公路、城际铁路的出现，共同塑造了我们眼中的现代城市。现代的城市规划理论就产生于这个时代。

几乎所有的设计史书籍，都会把现代设计起步期的时间上限放在这个阶段，由此开始了功能决定空间形态，或说空间形态解决功能需求的设计原则。但鲜有设计学者意识到，在实体空间中强调功能、以效率最高者为佳的观念，是工业生产时代才有的设计原则。古典时代的人类社会中，城市形态更注重政治伦理和社会等级的表达。也就是说，要求空间形态与使用功能相符是工业化以后的西方现代社会逻辑和设计原则。

近现代以来，西方世界在技术、经济和军事上具有绝对优势，且西方文明色彩和审美偏好一直占优势，其以空间划分区隔社会集团、塑造生活方式的做法，便成为所谓"现代化"设计的标准模板。

在现有的规划建筑研究领域，城市形态和乡村聚落形态是两个不太关联的研究领域，各有各的研究重点和研究成果。本书对前人的研究成果并无质疑之处，而是试图回归日常生活状态进行研究。任何时代的任何人都很难被完全封闭在某一类空间中，即使古代乡村生活的纺纱妇女也知道，她纺出的丝线会被用来纺织或刺绣，成品将进入城市中达官显贵的生活中；而毕生在朝为官的显宦，也会在诗词中表达对桃花源般田园生活的向往和陶醉。

中国传统文化的一个有趣现象是：文人的建功立业在朝堂、在城市，但文化想象永远在乡间、在山林。所以古代中国的乡村生活非常丰富，是人才培养、文化想象的源头，也是物质生产、社会制度、伦理礼制的基础。因此，中国古代并没有明显的结构性的城乡矛盾。进入工业化时代以后，当乡村的存在价值堕落为现代工业体系的原料生产基地和人力资源来源地时，乡村的活力和吸引力必然降低。所以工业化、现代化以后的大部分国家，都会呈现城市活力越来越高、乡村活力逐渐丧失的态势。

切不可掉进西式话语体系的陷阱。中国古代的文化和社会结构中，并没有所谓的"城乡二元"之分，在解决当代中国城乡问题，在乡村振兴之时，我们是否应回归中国古代的城乡建设模式即城乡一体化考虑？更有意思的是，正站在 AI 门槛上的中国人已经发现，互联网和数字技术正在缩小城乡差异，如电商购物、智慧医疗等。当我们把两者并至一处来分析时，难免会惊呼：数字 AI 时代的中国人，或许能在这个时代有令人惊讶的意外收获。

二、城市规划与城市空间理论

（一）城市规划理论

人们普遍认为，城市建设和房屋建造是城市开发的不同阶段。其实不然，城市建设和房屋建造是两个差异很大的专业，它们的研究重点、操作流程和评价标准都不同。而且，推动这两个专业和行业发展的技术体系、影响其发展的理论体系也不同。

中国古代的城市建设有自己的价值体系和工程逻辑，但这一切都随着近现代中国社会的动荡和战乱而终结，如今只停留在历史学家的论文集中。工业革命以后的现代城市建设实践和理论，起源于西方国家，这成为今天世界各地解读现代城市规划理论的起点。在讨论数字 AI 时代的中国城乡新形态时，我们应对这些理论稍作回顾。

1. 田园城市理论

19 世纪末英国社会活动家埃比尼泽·霍华德（Ebenezer Howard）在其著作《明天：一条通向真正改革的和平道路》（1902 年改名为《明日的田园城市》）之中提出了建设"田园城市"的想法。这是一种为安排健康的生活和工业生产而设计的城市。霍华德辅以图示说明，提供了一种原型模式。这成为后来讨论城市形态的基本方法。从示意图中可见：这是一种远离从前糟糕城市环境、建于乡间，并以农田和林地分隔开的居住聚落，这种形式可能来自英国人的自然观；城市公园和文化设施居中布置，成为城市生活的精神中心，其他的生产和工作空间均围绕着它们来建设；公路主干道便于人员和物资运输；许多商业和公共服务设施也被嵌入田园林地中，如学校、医院、火车站、公墓等。

田园城市理论源于空想社会主义者倡导的"乌托邦"思想，以社会改革作为其规划的指导思想，土地归公众所有，致力于建立一个既有城市繁荣、高效便利的就业与生活条件，又有干净农村和优美自然环境的新型理想城市。英国于 1899 年成立了田园城市协会，并于 1903 年和 1920 年相继在莱奇沃思和韦尔温建成了两座田园城市。田园城市理论有着一整套比较完整的规划思想与实践体系，对现代城市规划思想及实践发展起了重要启蒙作用。但因其实施条件要求较高，实践中很难完整实施，因此也逐渐背离社会改革的主旨，成为狭义的城市规划理论（见图 1-1）。

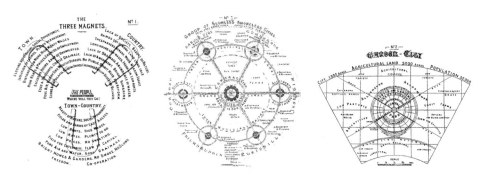

图 1-1 田园城市规划设想示意图

资料来源：［英］埃比尼泽·霍华德，金经元译.明日的田园城市［M］.北京：商务印书馆，2010：7，13，前言 3。

2. 卫星城理论

1915 年，美国学者泰勒正式提出"卫星城"概念。1927 年，英国建筑师 R. 恩温（Raymond Unwin）在主持大伦敦区域规划工作时，建议用一圈绿地把现有的城市地区圈住，不让其再向外发展，把过剩的人口和就业岗位分散到附近的"卫星城镇"去，卫星城与母城之间保持一定的距离，之间有便捷的交通联系。随后，"卫星城镇"一词便流传开来。从恩温的卫星城示意图中，我们略能看到其对北京城市规划的影响。

卫星城理论得到最广泛的应用是在第二次世界大战以后，被应用于战后大城市的空间与功能疏散及新城建设之中，成为疏散人口、优化城市空间结构、改善生活环境、实现功能协调的重要手段。最典型的应用是1944年的"大伦敦规划"，由英国著名规划师P.艾伯格隆比（Patrick Abercrombie）主持编制，规划结构是由内至外、集中式的圈层结构，即内城圈、近郊圈、绿带圈与外圈，规划建立了"控制中心区，通过开发城市远郊地区的新城，分散中心城市的压力"的规划模式，为战后各大城市的发展与重建提供了新思路（见图1-2）。

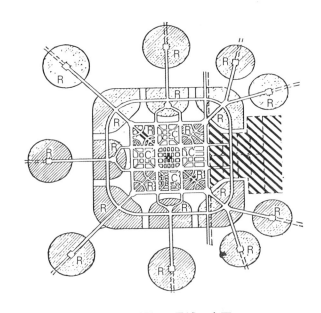

图1-2　恩温卫星城示意图
C-中心区；R-中心城与卫星城住宅区

资料来源：沈玉麟著，外国城市建设史［M］. 北京：中国建筑工业出版社，2005：134。

3. 城市美化运动

在1893年的芝加哥世界博览会上，城市美化运动的领军人物丹尼尔·伯纳姆（Daniel Burnham）规划布置了欧洲古典主义风格的纪念性建筑、宽敞的街道与高品质的绿化。随之迅速在堪萨斯（1896 年）、旧金山（1905 年）、芝加哥（1907 年）等地掀起以改进城市基础设施和美化城市面貌为主要内容的城市重建和改造热潮。这些设计方案常常包含绿化带、林荫大道、壮丽水景和纪念性广场等宏大美观的物质要素。这种设计思路在本质上是一种放大到城市尺度的建筑设计，受过严格训练的建筑师尤为擅长。

城市美化运动之所以能够在 1900 年前后兴起，是由于一方面能解决城市卫生难题，另一方面能直白地表达雄心勃勃的美国城市新形象，具有广泛的社会心理基础。最终证明，其实施效果大大超过了主要倡导者和社会精英们的愿望。1909 年在首届美国城市规划大会上，精英规划师们提出城市美化运动的乌托邦已超出社会的现实需要，认为其耗费巨资，最终成为都市化妆品，是商业投机与城市作秀，不能接受。此后，美国城市规划开始寻找新出路。

4. "邻里单位"思想

1920 年后，许多美国规划组织的焦点逐步转向关注社会与人的"社区"研究。快速城市化而产生的邻里关系淡漠、缺乏公共活动的社会问题，逐渐成为城市规划行业热烈讨论的议题。1929 年，美国人科拉伦斯·佩里（Clarence Arthur Perry）提出的"邻里单位"理论，是继"田园城市"后，现代城市规划理论的又一典范。

20 世纪二三十年代美国移民不仅有来自东欧、南欧的族裔，还存在大量的有色人种，这些新移民与本土美国人之间产生了较为严重的社会问题。"邻里单位"思想在一定程度上具有融合新移民的社会文化意义。"邻里单位"的解决方法是在社区中心设置公共空间，促进公共交往，以建立具有亲密人际关系的社会群体。

专栏 1.1　著名建筑师的城市规划理论

有机疏散理论

芬兰建筑师伊里尔·沙里宁（Eliel Saarinen）针对城市机能过于集中带来的各种弊病，提出了城市结构理论。他认为城市作为有机体，应把城市的人口和工作岗位分散到可供合理发展的非中心地域上去，将城市分解成为一个既统一又分散的有机整体，各部分形成相对半独立的单元，并用绿化地带隔离开来，以高速交通相联系。1918 年沙里宁按照有机疏散原则制定了大赫尔辛基规划方案，主张在赫尔辛基附近建立一些半独立的城镇，以控制城市的进一步扩张。他后来于1942 年出版了《城市：它的发展、衰败和未来》一书，详尽阐述了这一理论，对战后欧美各国城市改造和向郊区发展均产生了重要影响。

集中城市理论

法国建筑师柯布西耶（Le Corbusier）一向反对空想社会主义与霍华德提出的城市分散主义思想，他认为人们应该承认和面对大城市的现实，主要观点是：传统的城市，由于规模的增长和市中心拥挤程度的加剧，已出现功能性的老化；关于拥挤的问题可以用提高密度来解决；调整城市内部的密度分布；新的城市布局形式可以容纳一个新型的、高效率的城市交通系统。因此他的观点也被称为"城市集中主义"。他的主要思想包含在两部重要著作中：1922 年《明日的城市》和 1933 年的《阳光城》，1925 年他还提出了巴黎改建的新设想方案。

广亩城市理论

美国建筑师 F.L. 赖特（Frank Lloyd Wright）的城市构想，与柯布西耶完全相反。这既可能因为设计师性格和观念的差异，更可能是美国和欧洲的土地使用情况迥异所致，当然英美文化的紧密关联也可能是重要原因（受到英国自然风景园林和"田园城市"思想的影响）。20 世纪 30 年代，F.L. 赖特提出了"广亩城市"设想，将城市分散理论发展到了极致，每个独立家庭周围都有一英亩土地，足够生产粮食和蔬菜。各家土地相邻且连绵成片，住宅、工厂、商店、办公楼等都建造在田间。最终使城市和乡村合为一体，不再有城乡差别。居住区之间以高速公路提供便捷的汽车交通，公共设施沿公路布置。"广亩城市"设想成为此后欧美国家中产阶级郊区化运动的根源。

资料来源：［美］伊利尔·沙里宁，顾启源译. 城市：它的发展、衰败与未来［M］. 北京：中国建筑工业出版社，1986；［法］勒·柯布西耶，李浩译. 明日之城市［M］. 北京：中国建筑工业出版社，2009；Wright F. L. Broadacre City: A new community plan［J］. Architectural Record，1935，77（4）：243–254。

工业化以后的现代城市，其扩张的动力和速度都是古代城市难以比拟的。但城市发展也会有不可预测的情况。现代城市建设可以极大提高生产生活的效率和效益，也能促进新思想、新观念的产生和传播。当城市功能突然转变，或城市功能和人口不断聚集，严重影响生活质量时，都可能导致城市系统的崩溃。而且，当城市面积足够大、城市人口足够多时，城市不同区块间的活力、品质和经济产值，甚至主要活动人群的年龄段都有差异。这既是城市生活、城市景观丰富性的表现，也可能是引发民众不满的缘由。

（二）城市空间和生产关系

除了城市规划理论（见专栏 1.1）之外，中国学术界越来越关注西方哲学家和社会学家对城市空间形态与经济、政治、技术等要素间互动关系的研究。虽然这些学者探讨的是其本国问题，但仍给了中国学者以极大的启发。

专栏 1.2　城市空间和生产关系研究代表人物

刘易斯·芒福德（Lewis Mumford）

据统计，芒福德一生出版专著 41 部，其他文集 10 部，涉及建筑、历史、政治、法律、社会学、人类学、文学批评等，是美国著名的城市规划学家、哲学家、历史学家、社会学家、文学批评家、技术史和技术哲学家。芒福德 1914 年开始受到城市与区域规划科学先驱帕特里克·格迪斯[①]的启蒙影响，于 1938 年提出了"有机规划论"，强调城市规划的主导思想应重视各种人文因素，从而促使欧洲的城市设计重新确定方向；第二次世界大战前后，他的著作被波兰、荷兰、希腊等国家一些组织当作教材，培养了新一代规划师。芒福德的著作背景宏阔、思想深远，其人文城市、区域城市、生态城市等重要观念，对于今天的规划师和设计师，仍有重大影响。

[①]　帕特里克·格迪斯（Patrick Geddes），苏格兰生物学家、社会学家、教育学家和城市规划理论家。他不受传统教育框架的束缚，按照自己的需要学习、阅读、走访名师，把生物学、社会学、教育学和城市规划学融为一体，形成了独特的城市观，可称为"有机的城市观"，和埃比尼泽·霍华德的"田园城市"理论一样，影响了整个 20 世纪城市规划理论的发展。著名城市规划理论家刘易斯·芒福德的"有机规划论"、伊里尔·沙里宁的"有机疏散理论"都深受其影响。

可参照刘易斯·芒福德的相关中译本著作《城市文化》《城市发展史：起源、演变与前景》和《技术与文明》等。

亨利·列斐伏尔（Henri Lefebvre）

列斐伏尔是法国马克思主义哲学家，他将空间分析与符号学、身体理论及日常生活结合在一起，从空间视角重新审视社会。列斐伏尔的"社会空间"思想包含以下四层含义：社会空间是以自然空间为原材料生产出来的，自然空间正面临着被消耗殆尽的危险；每一种社会形态都生产自己的社会空间，社会关系有具体的空间存在，同时又生产着空间；社会空间作为一种产品，既是具体的、又是抽象的；既然社会空间是被生产出来的，那就存在着社会空间生产的历史。

列斐伏尔的《空间的生产》一书长期以来被奉为空间分析的经典之作，书中提出需要把空间提高到与时间相同的地位并构建空间、社会与历史三者联结的辩证法，提出资本主义的生产除了马克思认为的"物"的生产、"量"的增长外，更重要的是有差异的社会关系的再生产，发展了马克思"生产"的概念。在《城市的权利》中，列斐伏尔对城市化和工业化做了系统分析，提出工业化与城市化二者是相互促进的。资本主义的生产方式控制着城市发展的历史，市民在城市的权利就是市民应当有追求自己社会生活空间的权利，当资本扩张下的空间生产影响到了市民正常生活时，市民就有权利拒绝资本的支配，按照自我意愿作出选择。

可参照亨利·列斐伏尔的相关中译本著作《日常生活批判》《马克思的社会学》《空间与政治》《都市革命》和《空间的生产》。

米歇尔 · 福柯（Michel Foucault）

福柯是 20 世纪极富挑战性和反叛性的法国思想家，其思想颇有离经叛道之意，作品也常难以归类。福柯的部分译著较早进入中国知识分子视野，其中的"空间权力"思想令人印象深刻。福柯侧重于考察空间与身体、空间与权力、空间与知识的关系以及空间的组织和分配，认为空间是权力实践的重要机制，个体往往不得不屈从于无所不在的规训空间。通过对监狱、医院等局部空间进行考察，福柯从空间视角研究了微观的权力运作方式。他认为，权力通过空间不断对人施加影响力，人在这个过程中很难抵抗权力的掌控，这忽视了人的主体性。

福柯并不像大卫 · 哈维那样把空间政治变成立场鲜明的社会行动倡议，较少将空间与宏观上的资本主义在全球经济、政治力量上的扩张联系在一起，福柯主要致力于考察具体的历史，力图由此挖掘出有价值的思想主题。他立足现实，研究了权力如何通过空间实施、权力实施的空间表现、权力在生产关系中的作用等几个问题，这体现了福柯具有的马克思主义"具体问题具体分析"的精神和对马克思、恩格斯空间思想在具体空间方面的发展。

爱德华 · 苏贾（Edward William Soja）

爱德华 · 苏贾受亨利 · 列斐伏尔的影响，提出了新的空间三元辩证法和"第三空间"概念，试图颠覆传统的二元对立的空间思考模式。苏贾的"第一空间"指具象的、真实的空间，"第二空间"指认知形式中的想象空间；在社会历史领域中，往往是"第二空间"对"第一空间"的控制。"第三空间"并不是对前两者的简单叠加，而是对前两种空间理论的超越与修正。苏贾对"第三空间"的解读，既是为了阐明无限开放的生活世界，又是为了从社会生活的各个方面中找到潜在的创造性力量。正是这种力量在推动着实现空间正义的进程。

苏贾的"第三空间"理论所要解释的，是我们为什么自始至终就是一种空间性的存在，并且还积极参与了空间的社会建构。苏贾把一种历史性的理论维度引入其"社会—空间辩证法"，通过把社会性、空间性、历史性这三者融合在一起，引发了许多学术新思想。

可参照爱德华·苏贾的相关中译本著作《第三空间》《后大都市》和《后现代地理学》。

曼纽尔·卡斯特尔（Manuel Castells）

卡斯特尔是马克思主义者，当代著名的社会学家和都市研究的权威学者之一，是信息时代杰出的理论家和解说家。他提出了"网络社会"概念，由此来探讨城市空间的问题，他认为互联网的广泛应用为"流动空间"的建立提供了强大后盾，虚拟网络所创造的新型生产与管理模式改变了人们的生活与生产方式。

在《网络社会的崛起》一书中，卡斯特尔分别从技术、经济、文化等视角讨论网络社会中的空间和时间。他认为空间是共享时间之社会实践的物质支持，提出流动空间的概念及三个层次：第一是电子信息网络，第二是网络的节点与核心，第三则是构成这些空间的组织，概括起来就是网络、节点与组织。

可参照曼纽尔·卡斯特尔的相关中译本著作《网络社会的崛起》《认同的力量》《网络星河：对互联网、商业和社会的反思》《千年终结》和《网络社会：跨文化的视角》。

大卫·哈维（David Harvey）

作为新马克思主义城市学派的杰出代表，大卫·哈维擅长历史—地理唯物主义研究，他将历史唯物主义创造性地发展到了历史地理唯物主义，发展了马克思、恩格斯的空间思想，在城市空间问题研究中作出了巨大理论贡献。在大卫·哈维看来，空间不仅是资本主义生产的对象，还是构建社会关系的力量。资本主义城市化实质是对中下阶层空间上的压榨和剥夺，表现为资本入侵空间，进而与居民或工人发生一系列激烈对抗的事例。大卫·哈维还认为解读空间正义应理解两个重要问题：一是理解空间上差异从何而来，二是如何在批判空间不正义的基础上实现空间正义。

大卫·哈维著作的中译本很多，建议参考《资本的限度》《希望的空间》《叛逆的城市：从城市权力到城市革命》《资本的城市化》和《巴黎城记》等。许多中国学者尤其针对他提出的"空间修复"和"空间正义"领域，有诸多研究。这些成果对规划、建筑和景观设计等领域的研究者有极大的启发意义。

资料来源：作者根据相关资料整理。

一是无论何种城市规划理论，都是对城市现状或未来的某种干预，而规划中体现的社会公平与正义，是绝大多数研究者们渴望达成的。这与西方文学艺术界中自由知识分子理论家占比较大的现象形成对比。

二是为便于查询，专栏 1.2 仅按照理论家的出生时间排序，但他们的学术见解与出生时序并不必然关联；因各种原因他们著作的中译本进入中国学术界视野的时序也多有参差，如芒福德的出生最早但其著作的中文版直到 20 世纪 80 年代才进入中国。三是理论家们思想的互相影响颇为常见，如芒福德对简·雅各布斯①的影响，列斐伏尔对福柯、卡斯特尔、索亚和哈维的影响都很大。四是规划理论和实践的直接起点是"田园城市"思想，空间哲学和社会学研究则直接受益于马克思主义，二者在文化谱系和影响版图之间的异同之处，值得深思。五是一些马克思主义理论家们发现问题的视角和研究问题的思路，其实更易于中国研究者学习和理解，也更易启发中国学者的思考。但麻烦可能也在于此，这些前辈学者所处时代和本国国情，与中国的历史和当代国情都有不同，他们分析问题的背景、方法、结论，在哪个问题、哪种程度上适合用来研究我们的问题、指导我们的工作，还需仔细甄别。当然，这应该也是中国理论家和设计师们大有可为之处。

（三）城市发展主要模式及启示

1. 集中型城市和分散型城市

城市规划中"集中"类型与"分散"类型的对比，第一组典型例子是柯布西耶集中型城市理论和沙里宁有机疏散理论的区别。另一组有趣的对比是：几乎所有影响深远的西方规划理论都带有分散特征，如田园城市、广亩城市、有机疏散理论等；而从世界城市发展趋势看，城市最突出的特征却是"集中"了。

---

① 简·雅各布斯（Jane Jacobs），美国著名城市规划师、作家，出生于美国宾夕法尼亚州斯克兰顿，早年做过记者、速记员和自由撰稿人，1952 年任《建筑论坛》助理编辑。20 世纪 60 年代早期出版的《美国大城市的死与生》影响极大。1968 年迁居多伦多，此后她在有关发展的问题上扮演了积极的角色，并担任城市规划与居住政策改革的顾问。1974 年成为加拿大公民。她的著作还有《城市经济学》（1969）、《分离主义的问题》（1980）、《城市与国家的财富》（1984）、《生存系统》（1993）。

这不免让我们进一步思考：①带有理想主义色彩的城市发展和形态畅想，是否在很大程度上是对城市集中化的一种"反叛"？②西方世界中，现代城市发展的初期往往由经济和产业因素推动，只有当城市矛盾不断激化时，城市规划理论才日渐成熟，政府政策力量才开始介入其中（英国和美国尤其如此），而在这一阶段，将城市分散布局，与其说是规划理念，还不如说是解决方案；③很少有国家的城市是完全集中或完全分散布局的，但在现代城市发展早期，相对集中更利于产业发展和效率提升。但越到城市发展的成熟期，随着城市居民对生活品质要求的提高、产业业态的改变，城市布局反而会趋向于分散。这种从集中到分散的城市发展趋势，也与我国的城市化发展轨迹相一致。

城市的集中化倾向由城市的天性和本质所决定，诚如马克思所说："城市本身表明了人口、生产工具、资本、享乐和需求的集中；而在乡村里所看到的都是完全相反的情况：孤立和分散。"[①] 城市空间特有的集聚功能，也被芒福德称为城市的"容器"本质。城市的集聚功能和容器属性本身是一种永恒和无解的矛盾：一方面，"容器"具有高度的集聚和裂变功能，可以极大提高生产生活的效率和效益，也能促进新思想、新观念的产生和传播；另一方面，任何"容器"的容量又是有限的，一旦超过某种极限便会导致"容器"破裂。

虽然城市的集中化倾向由城市的天性和本质所决定，但不同历史时期、不同文化中城市扩张的模式不同。古希腊城邦的扩展，是从原来的城邦中分离出一部分群体，异地另建新城邦，同时还把希腊的政治文化、价值观念和生活方式也借此传播出去。而古代中国城市则大

---

① 马克思、恩格斯：《马克思恩格斯全集》（第3卷），人民出版社1960年版，第57页。

致有两种扩张方式:一些北方城市,特别是都城营建之初即划定足够宽广的范围,再逐渐让宫殿房屋和大量人口填满城内空间;而江南地区常常沿着河道或交通节点先形成聚落再不断扩张、发展为城镇。

新中国成立后的很长时间里,"集中化"是中国城市规划的基本特色。此前的中国,因长期处在农业手工业社会,国家大部地区的人口、经济等要素过于分散,不利于大规模集中人力、物力,不能满足工业化建设的需要,这是新中国早期选择"集中化"城市建设模式的主要原因之一。以1950年成立的都市计划委员会为标志,新中国的城市规划最早起步于北京。[①] 这中间经历了学习苏联、模仿欧美等阶段,同时也逐步探索并形成了自身的经验和特色。改革开放后,中国各城市的集中化趋势更明显也更猛烈。这一现象既是城市集中化本质特征的体现,也与改革开放初期城乡资源不平衡的客观条件有关。

21世纪初,中国学界和国家高层愈发意识到不加约束的"集中化"必然进一步加大区域间发展的"不协调不平衡",不能再听之任之。但如何解决问题,学术界进行了大量的分析讨论。2014年3月颁布的《国家新型城镇化规划(2014—2020年)》(以下简称《规划》)明确提出"把城市群作为主体形态";一般认为,这一规划文件的颁布是城市资源外溢和周边村镇发展的好机会。大量文章和《规划》也说明了学界和高层的判断愈发趋于一致:城市的效率、效益和多样性等集群效应当然应保留,在中国这样一个人口规模巨大的国家中,绝大多数地区更喜欢集中式的生产生活方式,政策应因势利导,只需把过于集中的区域稍加疏解,并利用城市现有资源带动周边地区发展。这种解决方法非常务实,是相对可控和可行的最优方法。

---

① 李兆汝,曲长虹:《城市规划:实事求是回顾50年》,《中国建设报》,2006年8月1日。

2015年4月，中共中央、国务院发布了《中共中央 国务院关于加快推进生态文明建设的意见》，"城乡一体化"与"生态文明建设"整体考虑，为中国城乡发展进入下一阶段作出指导。2018年3月，根据第十三届全国人民代表大会第一次会议批准的《国务院机构改革方案》，组建了自然资源部，将国土资源部、国家发展和改革委员会、住房和城乡建设部和水利、农业、林业、海洋、测绘等部门相关职责整合在一起，在行政组织上为"城乡一体化"打好了基础。2020年3月，中央政治局常委会召开会议提出，加快5G网络、数据中心等新型基础设施建设进度。同年5月，《2020年国务院政府工作报告》提出重点支持"两新一重"（新型基础设施，新型城镇化，交通、水利等重大工程）建设。2021年9月26日，2021年世界互联网大会·乌镇峰会开幕，主题为"迈向数字文明新时代——携手构建网络空间命运共同体"。

今天中国遇到的问题，可能不仅有花园城市、社会逻辑或空间生产的问题，还有技术革命的重大挑战。这次技术革命对人类历史影响的深刻程度，绝对不亚于从农业时代进入工业时代、从前现代社会进入现代社会的重大变化。在国家竞争加剧的大背景下，中国城市规划思想不能再停留在"追赶"模式上，"弯道超车"的技术和社会基础已基本形成，思想解放和理论革新必须更加勇敢，数字AI时代人类城乡生活新形态的塑造，可能正发生在当代中国。

2. 美国"邻里单位"实践的启示

1900年之前，美国并没有整体开发的住宅区，通常的开发方式是：开发商获得土地后，把土地分为小块出售给建筑商，建筑商负责建好房子再销售。这种操作方法肯定不利于土地的集约化利用，更让公共服务配套无人关注。为此，1919年美国开启的"第一代郊区住宅运动",揭开了美国郊区住宅"整体开发"的序幕。最具有代表性的是罗兰德公园（Roland Park）与福雷斯特山花园（Forrest Hills Gardens）。

1893 年建成的罗兰德公园，是美国第一个现代化郊区住宅，其在临近外围主干道一侧布置社区购物中心，说明公共服务设施已开始成为美国住宅区整体开发考虑的要素之一。1911 年美国建成了一个更为成熟的郊区住宅区——福雷斯特山花园，它具有更加清晰的结构：①整个住宅区被两条主干道包围；②在东南侧临近入口处结合公共车站布置商业走廊；③住宅区内拥有不同等级、规模不等的绿地，能有效服务住宅区中的不同群体；④小学和其他一些公共服务设施基本居于住宅区的几何中心。这个项目由科拉伦斯·佩里（Clarence Perry）所在的工作单位主持，他本人也曾居住于此，并曾在其文章中用一个章节的篇幅分析了这个住宅区。他称赞开发者对公共设施、中心公园与游戏场地的关注，认为这个足以支撑一所小学的公共空间规模十分理想。

到了 1929 年，佩里提出的"邻里单位"理论，可算是对此前美国"第一代郊区住宅运动"的总结，是继"田园城市"后现代城市规划理论的又一典范。罗斯福"新政"背景下，作为政府干预手段的城市规划被纳入国家治理范畴，并被赋予很高地位。芝加哥大学规划教授雷克斯·塔格维尔（Rexford. Tugwell）①甚至提出，城市规划是立法、行政、司法三权之外的"政府第四种权力"。②在美国这个以市

---

① 塔格维尔在罗斯福总统上任后被任命为美国农业部副部长，是罗斯福政府的"智囊"核心人物之一。他认为解决当时美国城市社会问题的一个重要途径是向郊区疏散人口和产业，在郊区建立相对自足的城镇，这不仅有利于缓解城市中心的人口和住房拥挤、环境污染加剧等问题，而且可以平衡城乡差距，缓和城乡矛盾，更重要的是实现以工代赈，解决社会失业和贫民窟等问题。

② 张庭伟：《规划理论作为一种制度创新——论规划理论的多向性和理论发展轨迹的非线性》.《城市规划》，2006 年第 8 期，第 9-18 页。

场经济为主导的资本主义国家中，历史上首次出现了中央政府的城市规划机构——重新安置署，并主持了"绿带新城"（Greenbelt Towns）项目。

作为一项国家计划，"绿带新城"由美国中央政府直接负责选址、买地、规划、投资、建造和管理的全过程。这种"自上而下"的建设模式在自由主义观念盛行的美国，引来较大争议。批评者认为：这个项目的运作过程带有"计划经济""共产主义"的影子。这与前文所述的关注城市规划问题的学者大多有"左派"倾向的现象相一致，甚至他们中本来就有不少后马克思主义哲学家。美国政府和民间在这个问题上的纠结，导致了这样一个结果：虽然罗斯福新政在改善城市环境问题上贡献突出，还提供了就业岗位、刺激了经济发展，但在度过最艰难的萧条期后，1937年重新安置署就被撤销了。

佩里的邻里单位有六个原则（见专栏1.3），为保持居住区内部环境的安静、舒适和安全，采用了邻里单位提倡的内外有别、层次分明的城市道路格局：外部道路作为社区边界，而内部道路则采用环绕模式限制汽车的穿越。商业设施临近街道及入口处，便于进出的住户使用，也便于货品运输。小学校居中设置的方式，不仅体现了美国的公共教育观念，更是对社会现实和价值观塑造需求的直接回应。20世纪二三十年代的美国移民不仅有来自东欧、南欧的族裔，还存在大量的有色人种。这些新移民与本土美国人之间产生了较严重的社会问题。如何使这些来自不同国家、文化，甚至刚从城市贫民窟迁入郊区住宅的新移民融入社区、融入美国文化，成为社会学者与规划师们需要重点解决的重大社会课题。

专栏 1.3　科拉伦斯·佩里（Clarence Perry）的"邻里单位"六个原则

（1）规模：一个居住单位的开发应当提供满足一所小学的人口所需要的住房，它的实际面积则由它的人口密度所决定。

（2）边界：邻里单位应当以城市的主要交通干道为边界，这些道路应当足够宽以满足交通通行的需要，避免汽车从居住单位内穿越。

（3）开放空间：应当提供小公园和娱乐空间的系统，它们被计划用来满足特定邻里的需要。

（4）机构用地：学校和其他机构的服务范围应当对应于邻里单位的界限，它们应该适当地围绕着一个中心或公地进行成组布置。

（5）地方商业：与服务人口相适应的一个或更多的商业区应当布置在邻里单位的周边，最好是处于交通的交叉处或与相邻的商业设施共同组成商业区。

（6）内部道路系统：邻里单位应当提供特别的街道系统，每一条道路都要与它可能承载的交通量相适应，整个街道网要设计得便于单位内的运行同时又能阻止过境交通的使用。另外，邻里单位理论对机动车的考虑，则变相地支撑了汽车增长促成的城市扩张，迎合了20世纪20年代以后美国"汽车时代"带来的郊区化空间变迁（见图1-3）。

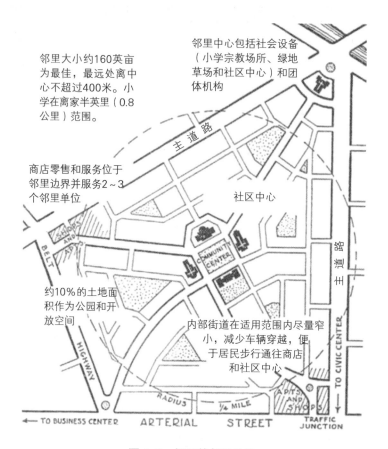

图 1-3 佩里的邻里单位

资料来源：许皓、李百浩. 思想史视野下邻里单位的形成与发展［J］. 城市发展研究（25卷），2018（4）：39。

以小学为中心的邻里单位模式，迎合了当时美国中产阶级对子女教育问题的普遍关注。20世纪初，美国中产阶级崛起过程中逐渐形成父母加上两三个小孩的典型美国家庭模式。开发商利用邻里单位概念，以学区为导向进行居住区建设，让孩子们能在非常安全的情况下就近入学，因此能够起到很好的推广效果。

从图 1-3 可见，"邻里单位"中间设置了公共空间，教堂和学校等公共建筑就近布局，让邻里交往自然顺畅，充满生活气息，有利于建设关系亲密的社会群体。佩里对此的描述是："在独立日，国旗将在这里升起，《独立宣言》将在这里被诵读，而公民则在这里被演讲者激发爱国热情。"① 可见，"邻里单位"里的广场区，不仅是一个美国版的"爱国主义教育基地"，而且还可以"沐浴在主的光芒中"，因为学校和教堂并置一处，所以"沐浴在主的光芒中"既是明喻也是暗喻。当时美国的国家实力已全面超越欧洲，美国知识分子群体普遍怀有理想主义的信念，他们希望"美国精神"能浸染全体美国公民。佩里的这个"邻里单位"也与芝加哥学派多次呼吁的能够面对面互动的"初级群体"② 思想完全一致，反映了那个时代美国知识精英的共同社会理想。

三、规划建设的意向表述

1. 意向表达的重要性

在讨论城市规划的专业论述中，鲜少提及规划意向的表达方式。所谓表达方式指的是用来表现建成效果和指导工程实践的图纸、模型和动画等成果。相关讨论不充分的原因可能在于过去百余年间，规划设计成果的表达方式和工程设计的表达方式均以图纸为主，即使有模型和动画也只是辅助手段。身处其中的从业者、教育者因此也并未意

① Perry C A. Housing for the Machine Age. New York：Russell Sage Foundation，1939. 转引自许皓，李白浩. 思想史视野下邻里单位的形成与发展，《城市发展研究》，2018 年第 25 卷第 4 期，第 43 页。

② "初级群体"是个社会学术语，最初是由美国社会学家查丁斯·霍顿·库利（Charles Horton Cooley，1864—1929 年）提出的。他在 1909 年的著作《社会组织》中，把家庭、邻里、儿童游戏群称为"初级群体"。根据库利的解释，"初级群体"就是由面对面的互动所形成的，具有亲密的人际关系的社会群体；反映了人们最简单、最基本的社会关系，是社会基本构成单位。这些群体在人的早期社会化过程中发挥着重要作用，因此也被称为"人性的养育所"。

识到设计意向的表达手段有何特殊性、为何需要讨论。但当我们研究数字 AI 时代的城市规划时，这件事就显得非常重要了。

古代的城市规划是由君主、贵族或执政官主导的，那时候负责建设的官员和工匠必须不断向皇帝、贵族或官员汇报工作，使用示意图或模型来说明意向是惯常的做法。中国国家图书馆中收藏的清代"样式雷"家族的图纸和烫样儿，就是这一做法的实证。

古代世界与现代社会中，规划设计和意向表达的根本区别，其实不仅在于绘图细节或模型材料，还在于其使用范围和使用方式。古代的图纸既是汇报方案的辅助手段，又是表现各种自然观、社会观和伦理观的基础（如紫禁城场地规划和建筑营造时大量"九""五"数字或比例的使用），同时还是工部官员计算用工用料、建设成本和建设周期的依据。中国古人很早就有按比例绘图的方法，河北博物院的"错金银兆域图铜版"就是中山王陵区的建筑规划图，按战国尺核算，比例应为 1∶500。隋代建设大兴城后，朝廷还向各地送去 1∶100 的图纸，要求按图建造州城和府城。到了清代，样式雷家族还用带比例的网格来详细标注圆明园的园林规划设计。但是这些图纸基本不是工程从头到尾备查的工作依据，一般工匠的施工过程中也用不着天天看图，因为中国古建每栋房屋的建造自成体系，熟练工匠的头脑中都有各构件部件的空间位置形象，工匠间的讨论完全可凭借专有名词就能深入交流了，至多是用石子、粉笔或墨笔勾勒出单线示意图就解决问题了。在民间项目中，工匠们仅凭经验和记忆就能完成全部工作，对图纸的依赖较低。

所以，古代和现代在图纸或模型使用上的最根本差异不在于计量单位或使用材料的差异，而在于如下两点：一是现代的图纸不仅指导工程的全部物资、人员、技术、流程，还是全部工程技术人员的工作依据；如有经济、技术方面的纠纷，还是重要的法律依据。二是因为城市建设是涉及每位市民的大事，所以（特定版本的）规划文件可供大众查询，甚至还需先公告再执行。而这两点，恰恰体现了现代与古代对待专业人员和公共事务的不同观念。

工业化生产方式要求所有人员、材料和技术都被绑定在流水线上，违反者将受到行业处罚或法律追责。所以图纸的价值在于对整个工作流程的所有细节都有明确的尺寸、材料、工艺、人工等标注。这是手工业生产与工业化生产的重大区别之一，也是工业产品可大量生产的基础。现代城市规划的本质是一种公共话题，涉及城市资源的分配方式，也影响市民的日常生活。而尊重市民的意愿，是现代政府执政者必须遵守的工作原则。今天的城市建设中，即使很小的房屋，甚至普通民众的家装中都有全套设计施工图纸，这是现代社会中从业者专业性的重要表现，也让普通民众获得了以前没有过的尊重。

现代的产品设计和规划、建筑设计的图纸绘制，以三视图为基础，只是不同专业的图面表现内容和绘制方式，各有侧重、各有特点。自20世纪90年代以后，中国设计界日益普及使用电脑绘图。进入21世纪后，建筑信息模型（BIM）系统更是被广泛使用。这些电脑绘图方式都是在现代绘图方式上发展起来的，而基于这些绘图软件和平台完成的图纸，正在形成城市规划、建筑建设的数字版本，与真实空间相对应，也是所谓"数字孪生"的数据基础和实施基础。

换句话说，当我们按照数字 AI 时代的工作逻辑来观察规划设计的意向表达时，就会发现在新的技术条件下，图纸、模型、效果图和动画等表现手法恐怕不应被限定在设计表达层面，它已经是城市所谓"数字孪生"的雏形，未来将是既可进入虚拟空间、又可进入实体空间的真实入口。控制和统领这个入口、这个数字平台的力量，将能全面整合我们的真实生活和虚拟世界。

2. 尺度级别与设计门类

回到规划和设计学科本身，我们发现人类生活的实体空间，按尺度由大到小可大致分为：城市规划、建筑设计、室内设计、家具设计四个层次或称四个尺度级别。至少从工业革命之后，这种分类方式随着近现代城市规划理论、建筑设计理论的逐渐成熟而日渐形成。当然因人与自然的环境关系和城市生活日渐复杂，景观设计和都市设计的理论和工作方式也快速发展。不仅如此，更大尺度和更小尺寸的设计领域也在发展，如城市地理学、多功能智能家具设计等。

除此之外，尺度大小的问题仍在不同类型设计的边界移动。比如：现代建筑史中有水晶宫 ①、毕尔巴鄂古根海姆博物馆、北京大兴国际机场这样的巨无霸，也有范斯沃斯住宅、母亲住宅、光之教堂等小建筑，这些功能尺度不同的建筑，一方面使建筑史极为丰富多彩，另一方面也使之前的几个尺度设计分层愈发复杂难测。城市地理学是一种除规划、设计、经济和文化视角之外，用地理学的描述方式来分析城市问题的方法。将一种更宏观的视角和带有自然科学属性的学科引入或嫁接到城市规划领域，有助于促进新观念、新理论的形成。

从设计图纸的图面分析，更有趣的发现是：随着尺度的由大到小，平面图的重要性在不断减弱。从城市地理学或城市规划尺度来说，平面图最重要，高程的变化只需在平面图中标明数据或绘制出等高线即可。建筑设计的平面图仍很重要，这是功能布局和设计思想的直接体现，但立面图和剖面图也很重要；这既是功能布局、工程投资的要求，也是建筑造型和空间审美的体现。室内设计中的平面图仍然重要，但

---

① 水晶宫（Crystal Palace）与"世界博览会"于 1851 年同时诞生。水晶宫是英国伦敦一个以铸铁为骨架、玻璃为主要建材的建筑，是 19 世纪的英国建筑奇观之一。水晶宫最初位于伦敦市中心的海德公园内，是第一届世界博览会（当时称"万国博览会"）的展览场地。1854 年，水晶宫被迁到伦敦南部，在 1936 年的一场大火中被付之一炬。

其对空间硬质分隔的重要性明显下降，而立面和顶面设计图纸的工作量迅速上升。家具设计中的平面图绝对没有较为突出的点，仅是"三视图"中的一张而已。

这种对比绝非无足轻重，对设计建造领域而言，平面图的绘制方式也是看待世界和表达观点的方法，因此越是依赖平面图的设计领域，就在事实上愈发强调了"垂直投影"的重要性，大到国家地图和城市地图，小到住宅平面图，均如此。在这种工作逻辑的驱动下，我们很容易发现现代城市的拓展、现代建筑的建造都是以连接或扩大"平面"的方式来展开，所以山地削平或以楼梯连接不同标高楼层的方式，甚为普遍。这种图纸表现方式还引导了一种习惯性的设计思维：现代城市建设中越来越趋于"削山平地"再建设的方式，与这种绘图方式应该有关，甚至是互为因果的。自然山形的变化多样性，确实会对图纸的准确性、施工的复杂性提出挑战，很难不对施工的准确性、安全性和成本控制造成困扰。然而有了数字 AI 技术后事情可能会发生改变：有多种工具软件和庞大算力做后盾，我们有更丰富的设计表达手法和房屋建造方式，让施工的安全性、准确性都能得到保证。这意味着房屋设计、生产、建造方式将发生重大变革。

3. 城市规划的地段与道路

现行的城市规划仍沿用先确定功能区块再辅以交通道路的平面设计手法，不同功能地块之间以不同级别和宽度的城市道路分隔或连通，进入某一地块内部还有更次一级、更窄一些的道路相连。

这种划分方式将导致两种明显的结果：其一，城市肌理呈现块面和线条交错布局的形态，通常越是繁华地段，地块形态变化越多样、线条密度也越高。其二，道路宽度和地块范围不得互相挤占，因为土地归属、使用方式和管理机构都不同；地段功能越重要，周边道路的拥堵概率就越高，而地块功能却无法与交通功能互相借用空间，所以全世界的大城市都无法真正解决拥堵问题。

当我们发现以往的城市规划原则、工作方法已不适合数字 AI 时代的生活方式，当快递小哥在街巷楼群中穿梭之时，当建筑空间和室内功能愈发多样化之时，我们突然发现城市的车行道和人行道可能不再是城市生活的辅助内容，其重要性愈发明显，而且愈发精确细化、分支更密布。从前按功能划分的地块，在实际使用中的功能愈发多样化，布局方式愈发碎片化，并可依托互联网不断进行实体和线上功能的拆解和重组，这好像赛博朋克电影里的场景。

如果用人体器官来比喻说明，或许更好理解。常规城市规划原理更倾向于对内脏功能的关注，把心、肝、脾、肺、胃放在适当位置，血管被当作可随着内脏位置而变化的、输送养分的管道；而新型的规划建设理念更接近血液运输和神经布局，人体就成为血液和神经为主导建构起来的巨系统，血管和内脏功能都是一个个的血管集群或神经元的集合。两个思路其实并不相悖，而是侧重点不同。但这必然引发工作目标、工作原则和工作手法的变化，或者说我们现在需要更精细、更多样化的观察世界的视角和解决问题的手法。这是对以往规划手法的超越，绝非全盘否定。

当然这并不意味着新的理念和工作方法可以顺利推进。事实上，几乎所有规划和设计专业的训练都是从绘图开始的，也是在此过程中强化专业特征和培养职业素养。因此设计表达方式的变革对这些专业的影响将是颠覆性的。

在当代中国，解决这个问题最可靠的两个途径：其一，引入更高阶、更具综合性的学科或技术手段，对现有学科进行整合处理，打造"顶层"工作团队；其二，国家行政力量的推动十分重要，不仅因为行业间的主动整合力量有限，还因为目前的国际局势和国家间竞争加剧的大背景，要求我们的行业重组和升级必须加快推进。

四、功能城市转向"万维社群"

1. 快递小哥的视角

疫情期间，城市中的快递小哥如"生命摆渡人"一样穿梭在灯火通明又空荡冷清的城市街头，人们不禁感慨良多：当重大灾害来临时，到底是什么人、通过什么方式在竭力保证城市的正常生活。再进一步，电商的发展使人们的日常物品越来越依靠高效的物流和快递小哥"点对点"的服务。伴随着城市供电、信息和路桥等基础设施的扩展和升级，中国绝大多数的城乡生活正在被一步步整合进一体化的网络中。

循着快递小哥的视野，我们发现真实的城市生活跟规划图纸上的城市、跟专家学者们的论述大为不同。

第一，电商的高歌猛进使实体商业受到冲击，大城市中的这一现象尤为明显，许多沿街铺面房不得不挂牌转让或空置。当"逛街"不再是获取产品信息和完成消费行为的最主要方式时，沿街铺面的重要性必然一落千丈。对快递小哥来说，铺面是否沿街并不重要，取送货的效率和准确性——道路顺畅、手机导航精准等要素才真正重要。

第二，为方便快递小哥们长时间户外工作，越来越多的城市管理者和投资人也发现了诸如电池更换、充电桩设置、免费 WiFi、公共就餐区、公共卫生间、遮阳遮雨棚、快递货物交接区、快递自提柜等现代设施的现实需求。而这一切涉及的技术领域和管理模式都更复杂，无法一蹴而就，自然也对城市建设和城市管理提出了许多新要求。

第三，为了方便快递小哥的工作，快递车辆、手机 App、轻型可折叠运货手推车，甚至自行车坐垫、雨披、保鲜盒等的设计和材料升级，已引发了设计师和制造企业的重视。而被快递小哥普遍使用的产品，在未来市场上很可能颇具竞争力，甚至会衍生出更时尚的服装和特色产品。

第四，一直以来，城市物资运输的方式大致有两种：以厢式货车为主的大宗运输，货品进入商场库房、农贸市场或批发市场；而更细碎、频繁地进入百姓家庭的菜肉、服饰、家电等，则是以零售为龙头，依托"人员流动"而运送的。物联网时代的到来，愈发让人们意识到，城市道路中货运方式愈发细分，道路系统的设置和管理不得不作出回应。同时，人行道、自行车道的精细划分也更明晰。"运货"和"运人"的道路有重合亦有分离，城市道路、街区道路、景观道路的功能交叉和细分都更明晰。随着电动自行车、摩托车的普及，城市通行区域的多功能化、碎片化进一步明确并蔓延到城市的所有场所。

现有城市规划中功能地块的划分方式和工作原则，正面临重大挑战。

2. 数字撬动一切：功能的消解和重组

"形式追随功能"（Form follows function）的口号已是现代艺术设计的根本准则，而在当代中国、在数字 AI 技术愈发普及的今天，这一原则的历史背景性、时代适应性正遭到越来越广泛的质疑。"形式追随功能"是美国建筑师路易斯·沙利文 [①]（Louis Henry Sullivan）在 1896 年 3 月发表的一篇题为《高层办公楼的艺术思考》（*The Tall Office Building*

① 路易斯·沙利文（Louis Henry Sullivan）被称为"摩天大楼之父"和"现代主义之父"。他是弗兰克·莱特（Frank Lloyd Wright）的老师，后来成为"草原学派"芝加哥建筑师群体的灵感来源。沙利文与莱特和亨利·哈柏森·理查森（Henry Hobson Richardson）被公认为"美国建筑的三位一体"。"形式追随功能"这句话是沙利文提出的，但这个想法最早可见于 19 世纪 50 年代的法国建筑师维欧勒·勒·杜克（Violet le Duc）的著作。

Artistically Considered）的论文中提出的。在此前的近半个世纪里，欧洲建筑师有过类似论述，只是并没能提出这么响亮的口号。最早产生现代设计思想的是法国，最先发生工业革命的是英国，再到世界上最大的自由资本主义市场国家美国，这种历史的关联性恐怕暗藏深意。简言之，"形式追随功能"是工业时代生产方式在设计思想上的反映。反过来说，这种设计原则是理论家们对工业化生产方式的积极回应。也正因为这一点，当生产方式发生深度变革时，"形式追随功能"这一设计原则的内在逻辑和基本价值，也必然遭受质疑。

工业化生产集中关注的是效率，如生产效率和资金效率。在当时的美国，当生产效率提高时，就意味着有更多物质产品的产出，意味着经济发展、社会供给、就业增加和投资回报。随着各产业链和流水线的不断完善（如福特 T 型车），时代精英们思考问题的模式和重点，无一不受到工业化生产方式和追求效率原则的影响。仅从"形式追随功能"的字面意思上看，我们会疑惑，难道现代人或美国人特别聪明吗？为何古代如中国古代的大量建筑营造项目中，居然没人讨论"形式"和"功能"的关系？其实不然，在古代世界中，不管在中国还是在西方，许多房屋的功能并不那么确定。中国古建营造的工作流程是相对固定的，高等级建筑自有工部官员和各种工匠们协同处理，不过他们的工作几乎无法进入文化精英们的讨论视野。同时，古代世界中的许多东西比效率更重要，如伦理礼制、社会等级等。为了维系这些更重要的价值传承和精神内核，适当放弃效率是必须的，至少"效率"或工作流程的提法绝不会凌驾于社会秩序和价值传承之上。

而"形式追随功能"中能大张旗鼓地强调功能和效率，本身就是对新型工业化生产方式的颂扬，当整个社会精英对工业化生产方式极为骄傲自豪的时候，与之配套的"效率"和"功能"才值得大书特书，成为设计原则。因此自然而然地，现代设计中空间的生产也必须遵循同样的逻辑，"功能"和"效率"成为指导设计师专业工作的法则。

中国的情况非常有趣：新中国成立以来的很长时间里，我们都在追赶西方的工业化成就。但 21 世纪以后，西方工业革命以后的生产流水线和产业链曾经相对独立，甚至封闭，只是随着科技发展和全球产业链的形成，流水线和产业链的复杂度一直不断增长。随着中国成为全球最大的生产基地和消费市场，电商、电子支付和物联网的快速发展，推动资金效率不断提升，生产效率不得不赶紧跟上。中国庞大的制造业体系中，许多生产流程其实已经发生了深刻变化：数字技术的引入已经让车间里的生产方式，各种元组件的集成方式、大量物流模式和市场销售模式发生剧烈变化，原有的产业链正在被拆散重组。以往那种从源头到用户的全流程严苛管控的方式变得愈发分散，对质量的管理和追踪也完全依赖于数字化的大数字平台。

今天的设计思想必须对新型生产方式有所回应。"形式追随功能"中追求效率、强调功能的逻辑其实依然存在。但随着数字技术的发展，随着社会公平与生产效率、资金效率的平衡，这些功能不得不被拆解和重组了。"需求引导制造"可视为"形式追随功能"的 2.0 版。在原产业链的任何节点上都可能产生新的商业机会，再加上物流介入和数据追踪，原有的"产业链"正在向"产业网"方向迈进。

总之，数字撬动一切的时代，功能需求仍在，只是变得愈发变幻莫测。对功能的强调或满足甚至已无法成为设计师的设计起点和评价标准，规划师、建筑师、室内设计师的工作范围、工作原则、工作方法、成果评价也将面临重大变革。

3. "万维"和"社群"

"万维"一词借鉴自 World Wide Web 的中文译名"万维网"，其与互联网的关联无须赘言。在中文里，"万维"的内涵可能更丰富，还有全方位延续、多方向连接之意。"维"也是几何学及空间理论的基本概念。简言之，"万维"既点明了互联网数字化的社会技术背景，还给了我们无限的想象空间。

"社群"的提法更强调新型社会关系与确定空间组织的关联和互动。社会关系有不同类型、程度和交往频率之分，在中国人特有的历史、文化、习俗背景下，社会关系的复杂度、精细度更高。而各种社交软件的广泛使用，已使中国城乡不同年龄段的民众越来越被吸附在社交软件和网络平台上，从而使真实社会关系与虚拟网上关系形成"线上线下"的社会关系网，而与之相应的新的社会伦理和礼仪规范还在形成过程中。

群体化生存是中国人自古以来的生存方式。在一次次的灾害和突发事件的冲击下，我们必须承认：中国人自古以来以群体力量抵抗外力侵扰的办法，至今仍独具优势。群体化生存的思维逻辑让诸如微信朋友圈之类的社交软件在中国风生水起，而微信"朋友圈"与本书所提的"社群"颇为匹配，两者的边界都是既明确又可随时延展或收缩；内涵和内容也都可不断丰富和更新。

无论在思想上，还是在经济实务和行为方式上，我们都可以把每个中国人归入不同的"群体"中，既有传统的家庭、家族、村落、社区、单位、校友群体，也有不同的微信"朋友圈"群体。有时后者的信息联系反而更紧密；还有些时候，传统群体的联系纽带需通过"朋友圈"方式来强化，如长久未见的远房亲戚或从未谋面的本系校友。

由此可见，中国人的"群体化"生活有线上和线下两个版本。实体空间和物质资料的有序充足供给是日常生活的基本保证；线上信息的完整有序发布，是情感维系和社会稳定的重要前提。换句话说，当代中国的"社会群体"将日益多样化且兼具真实和虚拟特质，每个个体可能分属不同"群落"，各个"群落"亦常有固定或非固定的实体空间相对应，这是社会管理者和空间设计师需共同面对的重大变化。

一个有趣的案例即是疫情中的各居民小区："小区"范围更倾向于物理空间分界，而"社区"更强调其公共服务、管理和居民之间的交流互动。疫情期间的人员管控和物资提供，均以社区管理为核心、以小区范围为边界而展开。"社区"的组织和管理与"社群"并不完全一致，但某些行政管理和空间组织方式倒完全可以借鉴。

本书讨论的"社群"可简单理解为"朋友圈"与个人生活工作实体空间的叠加互动。当然，随着科技发展和社会行业、商业模式的快速变化，这种叠加互动必然给社会生活带来重大变化，也给科技发展带来更大想象空间。

4."能源中心"和"数据中心"

数字 AI 时代的中国人常会有一种错觉，自己生活在社交软件或自媒体平台上，通过"屏幕"（触屏、语音或表情识别）即可完成日常生活中的绝大多数事情。接下来的教育学习、上班工作、公共社交、剧院观展看上去仍然保持了以往的生活习惯，但若须亲临现场时，人们常常会感觉在实体空间中的体验其实是通过手机屏幕的后端实现。这种认知空间的角度至少引发如下三种变化，有些变化还可能引发不可逆的社会变化。

一是规划师和建筑师曾有的"崇高地位"受到挑战，前文所述的通过空间区隔和信息控制来营造社会等级、塑造社会情感、展现空间品质的做法，突然失去了着力点。规划师和建筑师的重要性因此退到了平台架构师和信息设计师之后。

二是空间的使用者和体验者只把每个实体空间看作自己"朋友圈"的线下体验区，只要条件允许，完全可以不在乎这个实体空间的最初功能或形貌，完全可以在办公室里打游戏、买衣服，可在咖啡厅里开会、上课，可在地铁里享受古典音乐。

三是当我们顺着"使用者逻辑"就会发现，真正影响人们生活方方面面的只有两个：能源中心和数据中心。当然数据中心中有不断增长的算力，还要求能源供应的平稳和增长。只要能源中心和数据中心能正常运转，即使遇到地震、水灾，也能尽快得到救助。

既然如此，我们的城乡建设原则是否应超越功能和地区差异，而以能源中心、数据中心为锚定点，进入"万维社群"模式。如此一来，我们的城乡建设和改造首先应考虑能源中心和数据中心的位置和荷载。这绝对是政府规划的重中之重，也是"万维社群"的规划基础。而周边房屋的建造、改造和拆除反而相对易操作，可由机构、公司、企业，甚至个人用户，在政府规划范围内自行完成。他们共同形成"万维社群"的空间形态。"万维社群"模式可被不断"复制"，既可在全新场地中完成，也可在老旧街区中推广。

只有这样，智慧城市、智能建筑和智能驾驶才能融为一体。这可能是数字 AI 时代中国规划设计理论与实践相结合，实现弯道超车的最佳路径。

第二章
"游牧人生"与"万维社群"

本章提要

　　本章从数字 AI 时代人们生活方式的变化入手，认为科技和经济的发展将有助于人们"追逐梦想"生活，人生轨迹愈发形成"游牧生活"形态。为此，本章先从与大多数人日常生活关联紧密的实体空间入手，由此推出"万维社群"的基本功能需求，以确保生活在任何地区的中国人，在人生的任何阶段都能通过实体空间和虚拟世界两种途径得到关照，享受到大致相同的公共服务、文化、教育、医疗等资源。

　　为更直观地说明问题，本章先提供了一个"万维社群"组团布局示意图，又提供了一个适合"万维社群"组团的房屋竖向功能分布示意图；再继续深入说明生活在"万维社群"中的人们，能在我国任何地区享受差不多的公共服务，通过在不同圈层中的活动，满足自己各个年龄段的行为模式和空间使用要求。

　　总之，数字 AI 时代的中国人生活在"万维社群"中，将能享受"追逐梦想"的"游牧人生"。

一、数字 AI 时代的"游牧人生"

（一）"以人为本"的人生轨迹

　　在经典规划设计理论中，"以人为本"的原则一直被奉为圭臬，人类的活动空间无论个体的还是群体的都应被给予充分关照，这几乎是建筑、室内、景观设计的全部内容，也是设计竞赛和设计理论的讨论重点。正因为这一点，一些服务性、配套性的空间和设施设备常被置于边缘部位，如朝向、楼层等条件不佳的位置。到了今天，或许事情已与人们想象的不同。工业革命以后的建筑业和城市规划领域，其实设备设施一直在"挤占"人类活动空间，比如电梯间、设备井、变电站、公交车站、停车场、污水厂等，人们在享受现代科技带来便利的同时，也必须为提供这些便利的设备设施或各种中转站留出足够空间。有时候，这些公共设施的重要性甚至超越了城市中的部分民众的个人需求。

在电商发达的现代，快递小哥要求与物流关联的交通路线、货物中转场地必须有足够的方便性和安全性。当智能驾驶快速发展，现有城市道路、街景识别系统，已不仅在汽车产业和 AI 人工智能领域，而渗透进大城市的景观建设领域。

综合分析就会发现：提升未来城市生活效率和品质的最佳方式其实是改变城市规划原则，以提升设备设施、物流网络和能源系统的运转效率，从而提供一种更高级、更具成长性的"以人为本"服务。就是说，未来城市的运转逻辑和空间布局，不仅能为市民提供直接服务，还能为那些能直接服务市民的设施、机构和个人提供最有效支撑。

更进一步讲，随着智慧城市的不断建设，城市的电力供应和信息数据系统很快将不再是辅助部分，而日渐成为城市的"心脏"和"血管"。人们对其安全性和稳定性的要求必然远超从前，这将最终影响市民生活的基本模式。就是说影响城市规划和建筑设计的首要因素不再是人们行为的便捷，而是技术平台的高效安全。反过来讲，当包括能源电力、信息网络、供暖供气等系统成为城市规划和建筑布局中的"主角"时，在其服务范围内，人们到底是在办公、聚会，还是在健身或从事文化生产将不再那么重要，只要其技术荷载未超越技术极限即可。毕竟随着城市发展，这些具体功能和使用方式都会快速变化。如果考虑到新能源车将大量普及，那么这种以能源供给和信息服务为重点的逻辑不仅将成为建筑设计的重要部分，还是城市规划中各交通节点的重要内容，其对能源和信息的安全性、稳定性要求，恐怕已达战略安全级别。

再换个角度，当我们把智慧生活中的每个人都想象成一个"数据包"（仅就技术逻辑而言，也的确如此），我们可以把人们日常工作、生活、休闲和教育行为大致归类（见表 2-1），可以更直观地发现：不同人在生命的不同阶段会对某些空间或某些行为更加重视，当然也有些空间几乎适应全年龄段；虽然不同地区的城乡服务能够提供的资源和服务仍有较大差异，但服务类别应大抵相当；当中国民众的公共服务体系愈发完善时，无论城市还是乡间，人们都能被公共服务和数字平台连接起来、整合一处。

所以今天的"以人为本"可以理解为对人生旅程的关注，而愈发超越某一具体行为模式的达成。这个变化可能是历史性的，甚至是哲学层面的。包括建筑设计、室内设计、景观设计在内的空间设计一直被视作"空间艺术"，然而当空间设计还需考虑人生变化或社群变迁时，"空间艺术"必须向"时空艺术"转型。原来那种所谓的"永恒空间"不再是当代空间设计的主要目标，"瞬时空间""短暂空间"可能才是常态。这样一来，社会组织、生活方式、经济整合、建造工程和数字技术也更紧密地交织在一起。

表 2-1　万维社群——不同年龄段生活场景示意表

生活场景	分类	0～6岁	6～12岁	12～18岁	18岁至毕业	职业生涯	退休以后	养老院
日常生活＋公共服务	居住							
	物业管理							
	停车场/区							
	邮局							
	银行							

续表

生活场景	分类	0～6岁	6～12岁	12～18岁	18岁至毕业	职业生涯	退休以后	养老院
教育学习	幼儿园							
	小学							
	中学							
	大学							
	培训/继续教育							
	老年大学							
职业工作	第一产业							
	第二产业							
	第三产业							
	公务员/事业单位							
休闲体育	（专项）体育馆							
	室外健身/嬉戏							
	室内健身/康复							
	城市公园/绿地							
	度假旅游目的地							
文化博物馆	博物馆/美术馆							
	科技馆							
	展览馆							
	剧院/剧场							

续表

生活场景	分类	0~6岁	6~12岁	12~18岁	18岁至毕业	职业生涯	退休以后	养老院
文化博物馆	图书馆							
	书店							
商业服务	超市							
	大型购物中心							
	中西餐饮							
	美容/美发							
	生活服务							
	家电维修							
	宠物医院/看护							
医疗保健	体检/预防针							
	挂号门诊							
	住院/手术							
	美容/美体							
	康复/养老							
交通出行	公共汽车/地铁							
	自行车							
	电动自行车							
	出租车							
	私家车							
	长途车							
	火车/动车/高铁							
	飞机							

资料来源：根据相关资料整理。

（二）"逐梦而居"的"游牧人生"

今天，中国的科技和社会环境变化越来越快，年轻人的人生规划和价值判断与自己的父辈祖辈已有较大差别。当时代发展很快、国家愈发富裕时，整个社会群体缺乏明确发展方向时，作为个体的年轻人难免有迷茫无措之感。任何时代的年轻人都不会满足于"躺平"状态，但长久的迷茫无措也的确会让年轻人个人、家庭，甚至国家发展，都面临重大损失。对此有以下三方面建议。

一是保护中华文化，做好文明传承，通过学校教育、博物馆传播和大众文化传播等途径，将其稳妥地交给年轻人。二是建立相对确定且公平公正的社会生活方式和公共服务体系，让大部分中国人，特别是年轻人无论到哪里上学、工作和生活，都能享受到新中国成立几十年来的建设成果，让人们在更宽松自由的环境中"追逐梦想"，实现人生价值。"万维社群"的建设将是最可靠的社会基础和实体场景，也是本书讨论的重点。三是给年轻人提供更全面的知识和技能训练，鼓励他们勇于创新，为国家发展和社会革新开拓新天地。当然，这恐怕不是仅靠教育界就能完成的工作，还需要全社会的共同努力。

当以上这三方面的建设不断完善时，我国年轻人将有更大自由去追逐梦想，或许将成为世界上第一批能"逐梦而居"的群体。在"万维社群"的支持下，他们可以在求学创业时，选择能实现梦想的城市或乡间居住下来；他们可以在年龄渐长后，选择某地定居，也可与父母一同居于同一社群中；步入老年后，他们可以根据自己的意愿、经济状况和国家政策，选择能安心养老的城市，度过余生。

听起来，"逐梦而居"的"游牧人生"似乎太过浪漫，而难以达成。但从数字逻辑上看，这并不是遥不可及的梦想，而是可以实现的现实。在数字平台上，每个人其实都是个"数据包"，人们生活、学习、工作中的所有过程都在增加数据包的内容。只要"数据包"还在，与"游牧人生"相关的所有内容：社会管理、商品交易、搬家购房、专业学位等都可通过数据信息来确定，并与本人一一对应。甚至可以说，按照数字AI时代的技术逻辑，数字技术的安全稳定既能够支撑"游牧人生"的变化迁徙，也在逐步巩固数字技术的安全稳定，二者彼此支撑、互相成全。

（三）"情感锚定"或"物质锚定"

让人对"游牧人生"深感怀疑的，其实并不是数字AI的技术能力，而是有着真情实感、真切文化体验的中国人，是否会因此而失去了自我认知和群体认知能力，甚至可能威胁中华文化的长久传承。

中华文化历来讲究安土重迁，这甚至是我们文化传承中的一种母题。我们的家园、家族、祠堂、祖籍都被绑定在安土重迁的整体逻辑中。由此，才有故土难离、寸土不让、开疆拓土、率土归心、守土有责等观念。但如果深入中国历史的细节中，又会发现其中充满了远离故土的悲欢离合。我们的祖先多有迁徙历程，有时为了躲避战乱，有时为了职务升迁，各种族谱和宗祠里都记录着自己的祖先从何处来、因何至此等迁徙和繁衍的记载。

有意思的是，在中华文化传承中，文化和血脉的力量其实超越了土地边界。而中华文化的安土重迁，其实是不断迁徙的中国人保持家族传统、融入本地环境、共同铸造中华文明的过程。如此说来，对今天的中国人，特别是年轻人来说，与祖先迁徙的不同之处在于：第一，这一次不再是家族迁徙，而是个人漂流；第二，这一次的迁徙不再是背井离乡，而是满怀希望，飞机、高铁、高速公路，微信和自媒体平台，都能让身处异地的亲人朋友间的情感信息交流不再遥不可及；第三，不会有人为自己的迁徙单立族谱。不过，既然我们每一个人都是一个独立的"数据包"，那么自己不断丰富的人生经历，是否也在造就自己的族谱？

使用互联网的经验也让大家发现，当没有任何物质载体时，人们经常忘记自己的真实经历，还常得去查询网络记录来提醒自己。也有些聪明的家伙已经开始利用自媒体平台，通过视频、图片和文字来记录自己的生活瞬间。真切的声音和容貌能把自己的经历和真实的影像随时呈现在眼前。这是以往任何时代的人们都无法想象的场景，可被视为当代中国人"情感锚定"的新途径。

那么，过去那种用真实物品来承载人生记忆的"物质锚定"方式还有存在价值吗？儿时的玩具、人生第一张奖状、大学毕业证书、恋爱时的第一枝玫瑰花、孩子的第一件肚兜等。当我们留住了这些实物好像就能回到当初的幸福时刻，证明着自己的人生经历。收藏对自己或家中长辈有纪念意义的物品，也是中国人的传统。在数字 AI 时代，当数字记录非常普及的时候，用"物质锚定"来达成"情感锚定"的体验可能更珍贵。换句话说，每个人的"游牧人生"都会带着自己那些有特殊意义的"物质藏品"一并迁徙；等老到再也搬不走的时候，就找个平和安宁的地方，抚摸着"物质藏品"，翻看着"数字记录"，体验着一次次的"情感锚定"，回味着自己的"游牧人生"。

二、"万维社群"原型

既然未来的城乡建设中，"能源中心"和"数据中心"是最硬核的部分；既然大多数人都能在"万维社群"中度过完整而自由的人生，那么我们是不是可以据此总结出一个"万维社群"的原型呢？

（一）"万维社群"的布局原型

1. 核心圈层·邻里中心

既然"万维社群"是以"能源中心"和"数据中心"为基础而

不断复制和"繁殖"的，那么"万维社群"的"核心圈层"中必须有"能源中心"和"数据中心"。我们可将其视为一个有机体的心脏和大脑。当然，其他技术系统和线路管网的设置也很重要，与动力和数据系统一起，为社群生活提供全面、高品质的技术保证。

"智慧物业"提供社群运转的日常服务，且应符合行业规范和国家相关要求。"家委会"和"党支部"应更侧重园区相关人员的管理，在类似新冠疫情这样的突发性重大灾害来临时，这个组织的力量和效率就凸显出来，成为国家基层政权的中坚力量。事实上，当数字化互联网力量，能保证每个个体更大的自由度时，每个社群中的"家委会"和"党支部"还是社会心理和公共关系的稳定器，未来应能与国家机关和公共安全系统形成联动。以线上线下的日常生活和公共服务两套"双系统"，打造中国人安全且自由的日常生活场景。

在本书的"万维社群"模式中，"核心圈层"与"邻里中心"是一回事。"核心圈层"强调空间布局方面的特征；"邻里中心"更侧重其在社群内部的公共服务和设备保障功能（见图2-1）。"邻里中心"要求各种技术资源和公共管理资源的有效整合。这既符合技术管理逻辑，也与我国的文化传统、社会心理和政治体系有效衔接。这种设定既是"万维社群"原型最引人注目的一点，也是对现有基层政权建设、社区服务模式的继承和升级。

政府主导的能源系统和数据系统与政府发布的城乡规划愿景同向发力。根据技术荷载、公共服务能力和已有的城乡规划成果，把"核心圈层""邻里中心"直接"种在"规划区域的相对居中位置，尽量保证服务半径的合理有效。充分调动社会资源、经济资源、人才资源和金融资源，按"万维社群"模式，把各种机构、设施的线上线下服务和实体房屋"填入"其中，还可不断迭代升级，让"万维社群"的实体形态及

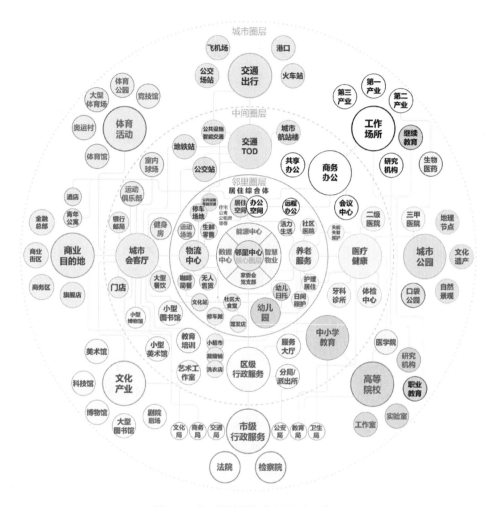

图 2-1 "万维社群"布局原型示意图

资料来源：作者自绘。

公共服务越来越满足居民使用者的生活工作需要。虽然每个"万维社群"都有自己的"核心圈层"和"邻里中心"，但不同"社群"的基本功能和空间布局还需因地制宜。推行"万维社群"模式时，相似社群的建设和管理经验都更易"复制"；社群差异大时，还需对新社群的空间形态、公共服务和产业类型做进一步分析论证。此类推广方式可视为"万维社群"的"繁殖"，既有相似又有变化，适应性、兼容性更强。

2. 邻里圈层·居住综合体

"邻里圈层"大致控制在步行 10 ~ 15 分钟能够到达的区域。

我们可以把"邻里圈层"想象为一个扩大了的居住小区，或功能更丰富的商业办公区，或综合性的文化创意园区。因为我们完全可以依托现有数字技术和工程经验，在园区内部建设不同功能的房屋来方便工作生活，且可降低干扰、保证安全。就是说，"田园城市"时代那种大尺度的功能划分方式，已被更小尺度的空间划分方式所取代，各种室内外功能空间被打散、重组再嵌入社群。而且，不同社群的功能组织还具有不同侧重点和不同关联逻辑。显然这种组织方式更利于园区商业类型和盈利模式的不断更新，也利于居住和工作于其中的人们，享受不断升级的商业和公共服务。所以"邻里圈层"也可称为"居住综合体"。

随着房屋供给量的上升、出生率的持续走低、国家地产和房屋政策的不断调整，那种在一处生活一辈子的观念已发生颠覆性变化。同时，能够提供"居住"功能的房屋类型（面积、户型和商业模式等）也愈发多样。无论以何种方式获得居住空间，居住过程中的公共服务水平和舒适安全都很重要。长期居住者居多时，此社群可能更适合购房或长租者使用；当小户型和年轻人居多时，青年公寓更受欢迎；当可提供特色空间的短期租赁且临近旅游休闲区域时，酒店、民宿功能将更受欢迎。无论何种，居住空间中的动力、信息和管网设置等大同小异；不同需求功能的房间可分设于不同建筑中，或园区建设本就有所侧重；一旦园区商业模式须进行重大调整时，通过调整租赁和商业模式的办法，还能很好地利用居住空间。即使是以商业办公和产业制造为主的园区，适当配置居住空间，也能提升土地利用率，降低居住者的交通成本。

城乡生活中的很多内容都是横跨"邻里圈层""中间圈层"和"城市圈层"三个圈层的。比如,从幼儿园到大学的教育机构,就可随着年级的升高、年龄的增长而离家越来越远。这既是真实场景,更是意象描述。

就近"核心圈层"和"邻里中心"最重要的公共服务内容有三类:"幼儿园""养老服务"和"物流中心"。

"一老一小"问题即"养老服务"和"幼儿园",是我国家庭生活必须要考虑的内容。长远来看,这二者的方便性和服务品质,既涉及民众幸福度,又是减缓出生人口下降的重要举措之一。"邻里圈层"的"幼儿园"除了满足学龄前儿童的日常照顾和初步教育外,还有"社区医院"的配合,能就近满足儿童疫苗接种和常见病症的就诊和照护。另一方面,位于城郊的养老院很难满足老龄社会的大量服务需求,居家养老仍是中国老人的主要养老方式。"社区医院"可提供给老人居家养老的一般性照护。若老人无法独立生活,如果能像儿童日托那样享受日间照护,或长年居住于离子女较近的老年公寓中,应是中国老人和子女心目中的最佳选择。"邻里圈层"中的"社区医院",服务对象主要是老人和婴幼儿,还特别方便成年人的临时就诊和取处方药。社群中"社区医院"的服务对象也更明确,工作量更有保证,工作质量更好评估。老人照护和儿童看护的毗邻设置,是中国传统"尊老爱幼"伦理观念的现代版呈现,能让人们的生活场景更加温情脉脉。当然,"养老服务"和"幼儿园"未必是所有社群的必需内容,还需根据社群具体情况来设置或增减。不过若能在规划设计、房屋建造和景观设计时考虑多功能和适应性需求,将有利于社群投入使用后的功能调整。

"邻里圈层"中的"物流中心"主要有三种功能。一是各种快递物流的中转站，现阶段是外卖小哥的卸货分拣区，未来或可成为智能物流的集散地。二是"邻里圈层"的各种商服设施均被置于"物流中心"之下，因为不同地区此类空间的布局位置既可置于"邻里圈层"也可置于"中间圈层"，这里主要强调的是，在特殊时期，必须有制度和物流来保证生活物资能顺畅进入"邻里圈层"。新冠疫情期间，社区商业在服务民众方面展现出了巨大潜能，其最重要的功能在于成为各种生活物资的"物流中心"，所以这一部分服务设施和服务功能应受到足够重视。类似的服务功能还有小超市、社区大食堂、理发店、洗衣店、裁缝铺、修车摊等。因各项服务功能细碎，加之对服务范围的考虑，所以某些设施可置于"邻里圈层"，也可置于"中间圈层"。三是"邻里圈层"中还可设有无人售货区，这对于不适合设置小超市的社群，常规日常物品的快捷购买或取用更方便，也更利于公共服务进入人们生活和商业公司的集约化管理。

3. 中间圈层

"中间圈层"大致控制在步行 15～40 分钟能够到达的区域。

"万维社群"中最有生活气息和地区特色的景观在于"中间圈层"。"中间圈层"中最活跃的城乡生活内容是中小学教育、医疗健康和城市会客厅。

美国"邻里单位"以中小学校为中心的设计很有启发性。从中国的实际情况看，无论是通勤距离还是人口基数，中小学校设于"中间圈层"更得宜。对拉动社群内部的生活和商业活力来说，中小学校有着无可替代的优势。国内一些成功的地产项目经验也可借鉴：先引进一所较高水平的小学或中学，以此迅速带动周边住宅，为了孩子上学而整个家庭迁至此处也顺理成章，这样居住社区和周边商业系统将迅速形成。无论是为了中国青少年的培养，还是有效借鉴美国的"邻里单位"经验，中小学生的主流价值观培养也是重要议题。基于目前中国的婴儿出生率和中小学规模，显然在每个"邻里圈层"内均设置中小学不太现实。由若干"邻里圈层"共享一所中学或小学的做法更为可行。学校可集中对应于周边社群，无论社群是以居住还是以工作为重心，这种做法都可付诸实践。

"中间圈层"中的医疗健康将是服务于中国人健康生活的最重要枢纽，普通人的常规医疗基本都可在此完成。图2-1中的"二级医院"借用了现有二级医院的名称。这个"二级医院"一方面要指导"邻里圈层"里社区医院的医护工作，另一方面又为三甲医院提供病人的基础病历和就诊信息，还可提前完成若干医疗检查项目，减少三甲医院的工作量。总之，图2-1中作为基层医院的"二级医院"，比现在二级医院的职责范围更大，是保障中国人身体健康和智慧医疗落地的重要节点。"万维社群"中的医疗健康是国家大健康产业落地的重要领地，也是可探索之路。这至少来自四个方面的推力：一是大众医疗和保健服务需求越来越多、质量越来越高，政府推行全民医疗的方向不会动摇，但全民医疗也需医疗实体做保障；二是进入各个社群的医疗服务点能与基层行政体系有效贯通，成为政府公共服务的另一常规领域；三是远程医疗涉及的空间、设备、患者和医护人员等尽可能稳定，才能保证数据准确和服务精准，"二级医院"是最可靠的枢纽环节；四是大健康产业需要的数据、人员和平台等，都能与社群相对接，社群中的老人、儿童等是天然的客户群，有助于商业行为、医疗服务和政府管理在此良好融合。

城市会客厅中包括了商业、文化、体育等内容，大致相当于服务周边"邻里圈层"的商业综合体，也是市民生活、政府政策和商业投资的最佳交汇处。

还需说明的是，图2-1"中间圈层"中的许多公共服务内容可同时服务多个"邻里圈层"，在进行城市规划和"万维社群"建设时，应充分考虑位置和交通要素，便于民众到达。

4. 城市圈层

"城市圈层"中列出的各种内容其实早已存在于城市生活中。我们还应关注如何让乡村中的人们享受与城市居民大致相同的文化、医疗和休闲服务。有了明确的"万维社群"模式和内容需求，可能只是推进这项工作的第一步。

在"万维社群"模式中，"城市圈层"中的许多公共内容通过实体空间、专职人员和智慧服务可逐级深入其他圈层，比如高等教育——中小学教育——幼儿园教育；再比如，市级行政服务——区级行政服务——家委会、党支部；商业目的地——城市会客厅——物流中心；文化产业——城市会客厅——文化站。

在图2-1中的"城市圈层"中，有三部分要重点说明：工作场所、交通出行和城市公园。

一般认为，第一产业和第二产业的工作场所，应与居住社群分开考虑。这可能只是一个较为粗糙的划分方式。随着第一、第二产业内容愈发丰富，这种划分方式可能也有变化。比如，若我们把乡村的整个村落视为一个完整的社群，虽然大面积农田和山林区域一般离居住区较远，但一些精细化的农业工厂或农作物加工车间，很可能与居住空间较为邻近，只要满足卫生、安全和交通需求即可；再比如，一些电子产业的生产工厂，厂区内设有宿舍、食堂、篮球场等设施，这显然也是一种相对简单的社群结构。

交通出行是从"城市圈层"到"邻里圈层"的完整体系，随着各种新能源车和智能驾驶的广泛普及，服务于交通的公共设施及其相关的智能交通服务设施的设置，应引起足够重视。常规项目中，公共设施往往在建筑建成或街道完工时，才由城市管理部门选型安装完成。但是因为公共设施的投资、管理单位的不同，还会导致公共设施的重复建设，在城市中的功能、造型和色彩的混乱或品质低下。在智慧城市建设中，大量服务于智能交通的设施设备需与公共设施合并考虑，如在造型上、功能上、投资上和维护管理上等还需与街道设计、景观设计、动力系统和信息设备等相联系。所以，如果我们把整个城乡空间看作一个个"万维社群"相邻或相望布置而成，各社群间的"公共设施"系统建设不应再被视为辅助内容，而是贯穿线上线下、商业和非商业、企业和政府的"血脉"，提供最重要的实体支撑。

城市公园和旅游目的地包括了颇负盛名的自然人文景观，而真正服务民众的景观绿地、"口袋公园"在"邻里圈层"和"中间圈层"发挥更大作用。三个圈层的联动，共同形成城乡的景观体系。与"万维社群"互相嵌套，既服务民众生活又利于改善环境。在"中间圈层"，景观设计还可与医疗健康和防灾避险相结合，让景观设计不仅有美学环保价值，还有更多样化的社会服务功能。

还需说明的是，"城市圈层"中的各种文化、商业设施和城市公园等有多处，它们共同服务城市中的多个"中间圈层"和"邻里圈层"。

（二）"万维社群"的竖向原型

当我们把人们的生活工作空间平铺开来分析时，即可获得图2-1的"万维社群"布局示意图，那么这种分析方法能不能用于垂直空间的竖向要素分析呢？我们可以把竖向要素想象成一栋栋高楼，而"万维社群"则是由一栋栋层数不等的高楼共同组成的。

今天城市中的多层和高层建筑中，各层的功能设定已有许多常规做法，比如，地下室通常安排为停车位、库房、设备间等，一些商业空间中也有把物业办公室放在地下一层的。地面一层或二层，通常是商业用房，可用作小超市、小餐厅、健身房、美发厅、洗衣店或牙科诊所等。如果是酒店、办公楼或大型商业，这部分面积更大、楼层更高，通常在裙房部分设置高端商场和商业服务。再往上则可安排房屋的主要功能，如酒店客房、办公室、住宅等。还有一些商业区的酒店或办公楼，因高层建筑的顶层视野好，还会在顶层设置高档餐厅或总裁办公室。

"万维社群"时代，这些既有经验仍可沿用，但也有些特殊需求：快递小哥的送货通道和停车卸货位置甚为重要，且应留有余量；如果未来大量使用无人送货设备，这个道路系统和临时停靠区域，可能更重要。新能源汽车不仅需要停车位，还需充电桩，这让地库中的用电量、管线铺设和使用方式都更复杂。各种服务公共空间和可供家庭租赁的智能机器人，应有相对独立的较大空间来停靠、储藏和维修检测。专门服务老人的餐厅、日间照护中心，可与"万维社群"中的家政服务中心合并考虑。本书提供的"万维社群"竖向原型可参考图2-2。

对照表2-1和图2-2，我们可以发现几个特点。

1. 首层

①人们常用的交通工具越来越多样，住户、访客和服务人员驾驶各种交通工具通常需长停或临时停放在不同区域范围内，这使小区停车场、停车位的管理越来越复杂，建筑规划、园区管理、设施安装等方面的工作更加细化，工作量明显增加。

②车辆的停放空间、区域，以及充电、消防等要求是停车规划设计时必须综合考虑的内容。

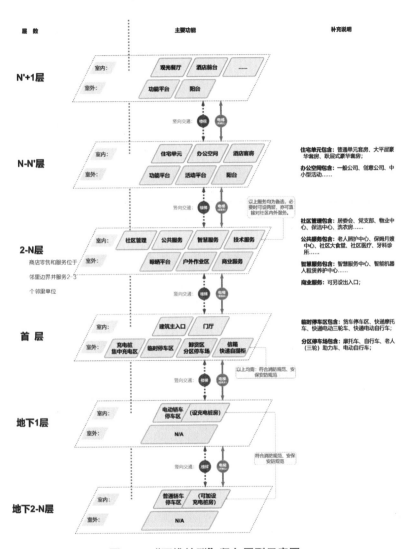

图 2-2 "万维社群"竖向原型示意图

资料来源：作者自绘。

③未来的多层和高层住宅可考虑将首层架空，建议将其设置为摩托车、电动自行车、三轮车、自行车和老人助力车的停车位；还可把快递小哥的停车卸货区也设置于本层入口或电梯旁，利于提高送货效率，减少对住户日常生活的干扰；邮政信箱和快递取件柜

也可合并设置。此架空层的消防分区、材料结构选择等方面也需慎重。

④访客泊车位置可置于小区或园区外，立体停车库仍可期待，只要能解决好场地所有权和收益分配即可。此外新能源车和电动自行车的充电设施也应被考虑在内。

2. 地下室

地下车库仍有相对固定的和临时停车区域，必须考虑新能源车的充电设备安装维护等需求，相应的消防安全亦应关注。

3. 裙房（2–N 层）

①裙房部分的功能设置需要一点想象力。裙房可占用第二层，也可以占用更多楼层。如果我们把住宅的各项服务内容想象成酒店的服务楼层，或许更好理解。这里应是一个设备安放、器具储藏、后勤办公、技术维护等的工作楼层。智慧社区中那些提供公共服务的智能机器人的停放和维护区域亦可置于此处。

②就园区或小区的服务来说，还可设有物业办公、家委会等功能性空间。

③随着小区或园区服务水平的提升，裙房部分还可设有洗衣房、公共就餐区（可服务老人或办公人员）、集中送餐热餐区，成为社区公共服务的核心"据点"。

④若在裙房部分设有商业服务内容，出入口的设置需比较谨慎，为了安全管理尽量不对园区内部开门。

4. N–N'+1 层

①裙房以上楼层可设置为常规住宅、酒店或办公用房，能满足居住、会客、办公、会议等一般功能要求。

②一些特殊房屋及顶层也可有其他商业用途，如观光餐厅或酒店

前台，但竖向交通的设计和管理要求更高。

（三）"万维社群"突破城乡边界

我国传统文化的想象重心一直在"乡间"。"田园生活"一直是中国文人笔下的家园场景。经济学家经常讨论的城乡二元结构，在历史中其实是晚近的事情。它甚至只是一种现代的特有现象，尚未进入我国文化的主体框架中。但也必须承认，学习了西方规划和建筑理论的设计师们半路加入，加深了城乡文化和空间逻辑的分离。好在互联网技术、物联网建设的初步成果，给了我们另一种启示：既然城市边界能不断推展至乡间，城市中的成熟技术和生活体验也能借此进入乡村。这足以证明互联网技术并无城乡之别，也并无城乡偏好，交通情况和消费能力才更重要。甚至，如果我们能达到一种城乡生活的新平衡，是不是既是新质生产力发展的新模式，也是对中国传统文化的回归。

改革开放以来，我国的快速城镇化推动了城市规划专业的繁荣。大致说来，此时段的我国城市规划可划分为三个阶段[①]：第一阶段，20世纪八九十年代的"规划不足"阶段，以"规划跟着项目走""根据投资调整和修编"为主要特点，造成了城市空间形态的同质化、"千城一面"和城市经济功能的"批量复制"；第二阶段，21世纪初期的"规划过度"阶段，以"重复规划""多规冲突"为主要特点，出现了"城市被规划反复折腾"的怪现象；第三阶段，近年来"规划治理"的新阶段。

新中国成立以来，特别是改革开放以来，农村工作一直是党和国家的工作重点。回顾一下21世纪以来的"中央一号文件"，大致包括

[①] 刘士林：《中国城市规划理念的反思和变革：超越"集中主义"与"分散主义"》，《同济大学学报（社会科学版）》，2020年6月，第39-47页。

如下几个方面：农村道路、电力、水利等基础设施建设；农村生活条件、教育体系、公共健康体系改善；农业生产、农业深加工产业、乡村旅游产业升级；等等。最近几年还有不少快递物流下乡的新闻，一方面有电商快递进入下沉市场，另一方面有乡村产品的大量揽收业务，这在事实上愈发拉近乡村与城市生活的距离。

从历史经验看，农村和城市的结构性、系统性分隔其实是工业革命的结果，城市成为文化生产、物质消费的集中地，而农村则沦为工业生产的原料生产地，古典时代丰富的民间生活因生产方式单一和年轻人的离开而丧失活力，农村的产业和文化吸引力也不断丧失。这并不是我国独有的现象，工业化以后的各国发展，均有此趋势。新中国成立以来，我国的城乡二元管理体制和改革开放后的全面工业化，在两个层面上叠加了这种趋势的影响力。不过平心而论，乡村生活水平的改善、乡村产业的升级，都需依赖国家全面工业化的成就。这才是真正的"工业反哺农业""城市反哺乡村"的开始。

就本书讨论的"万维社群"而言，"城乡一体化"一词比"新农村建设"更清晰、更准确，因为"万维社群"的理论逻辑，就是要把整个中国放在大致相同的社会框架和生活内容中来研究；有需要专门建设的住宅、学校、医院，也可通过数字 AI 技术把各种免费或付费的服务内容送至普通百姓生活中。而我们国家的制度优势和后文讨论的"新型地产"商业模式和"智能建造"技术体系，将是这一想法得以达成的坚实基础和现实抓手。

无论是农民参与新城镇、新农村建设，还是城里人选择在乡间定居度假，反正来自城乡的民众未来可生活在一起，形成新社群，这将是未来中国乡村生活的常态。当生活方式、社会组织、公共服务、信息物流、房屋建造等模式全部打通后，城乡生活的差异至少在基础要素方面可逐渐弥补。甚至，当城市居民进入小城镇和乡村生活，农村宅基地的商业和产业开发方式的调整，将为一些地区乡村建设升级搭建新平台。反过来，从乡村进入城市的不仅有人才、物资，还有中国人独有的自然观和社会观，别墅区中的私家菜园即是典型案例。或许等数字基建遍布城乡之际，中国人将突破现有的城乡隔阂，重回"桃花源"的精神世界。

农村问题恰恰是中国现代化存在的问题的一个缩影，从资源和人员的不断外流，到资源和人员的重新回归。中国百年来的城市化历史是"权力——资源——资本——文化——公平"不断变动的过程。在不远的未来，无论是生活在城市还是乡村的中国人，都可享受到差不多的公共服务、享有大致相等的权利，这是数字 AI 时代带给人民的最好礼物，也是我们探索"万维社群"模式的最大动力。

三、"万维社群"模式分析

当"万维社群"模式广泛推广后，无论生活在何处、无论有哪些人生理想，人们的基本生活需求都能得到较好满足，既有的居住、教育、工作、医疗等内容都将延续，而数字 AI 技术的发展又让其品质不断提升或提供个性化供给。上节已探讨了"万维社群"平面布局的四个圈层，本章将突破这四个圈层，更深入地描述每类功能或场景的延续。

（一）居住生活

1. 居住综合体

先讨论居住生活空间，不仅因为这是人们的精神和身体的放松休养之处，更重要的是在数字互联网时代，人们大部分的学习、研究和日常工作都可在家中完成，不必再频繁地到图书馆、办公室或课堂上。因此，人们待在家中的时间会普遍增长。居家隔离的那段时间，让越来越多的人发现，舒适度高的居家生活至为重要。

我国商品住宅发展的二三十年里，随着中产阶级的稳步成长，越来越多的人有意愿改善自己的居住条件，换更好的房子或装修老房子。人们还越来越重视房屋周边的景观、交通、教育、医疗、商业等公共服务的品质。政府、地产商及二手房中介都已发现这一趋势，并成为新房销售和老房置换的广告用语。

还有，因为人们居家生活时间越来越长，在家中可以完成的事情越来越多，除吃饭、睡觉外，还有会客、工作、健身、直播、收发快递等活动。因此住宅设计中，对设备管线的复杂度和结构设备的安全要求都越来越高。从更长远的视角看，每一户家庭住宅，都成为智慧城市、智能家居的基础环节，同时也是智能电器的最有效容器，其发展前景不可限量。

根据图 2-1 可见，无论在城市还是乡村，"万维社群"中的居住者都可在"邻里圈层"和"中间圈层"中解决日常生活的几乎所有需要，这对公共管理效率和个人生活效率来说都更友好，甚至可能为智能运输系统预留更便捷的实施条件。

"万维社群"中的"居住综合体"指的是可长租、短租的所有居住类型的房屋。其实对房屋建造者来说，居住型房屋的设计建造方式并无太大差异。主要区别在开间大小、结构选型、管道铺设方式等工程技术方面。而在官方媒体和自媒体中热议的养老地产、公租房屋或青年公寓等，其实主要是经营管理问题，最多在整体规划时有交通或区位的考虑即可，并非房屋建造技术。

依托房屋建造的技术特征，再参照图 2-1，本书认为未来我国"万维社群"的居住空间应按照"居住综合体"的形式来规划和建设。称其为综合体，原因如下。

一是"万维社群"中的多种房型、多种租赁方式和经营模式可共同存在，只要同一栋楼或邻近房屋的运营方式尽量一致即可（为方便管理和满足住户心理安全需要），甚至同一管理类型的房屋还可设置独立的出入口。让居住综合体里的居住者既有安全保障，又能享受到住户多样性带来的周边商业和公共服务的便利性。社群和综合体的管理既高效又可实现多种经营；社群中的服务者和被服务者就近居住，方能提升公共管理效率，减少交通拥堵，更广泛地增加安全感。

二是随着城乡发展、时间推移，房屋不断老化，新的房屋建造体系应能允许住户相对自由、自主地进行房屋内部改造；房屋交易转手方式应利于旧房向下渗透，出售或租给收入稍低者。在相邻区域促成老旧房屋的向下渗透，能有效避免空间闲置、资源浪费。

三是有孩家庭也可为更好地养育子女加上差价，换更大更好的房子。政府对有孩、多孩家庭的补贴，因此可被纳入明补，若能直接补贴一定房屋差价，绝对算是国家鼓励生育的有效政策之一。

四是因居住综合体中的住户类型更丰富，因此更利于周边业态的丰富性和保证客源稳定。那种追求居住区或商业区的单一化、纯粹化的思路，其实是工业时代简单化管理思维的遗存，既不符合中国传统，又无法适应当代社会需求。居住与商业，特别是小店铺的交相辉映，才是人间烟火。

五是从建筑结构和室内改造的视角看，办公、酒店和住宅建筑的差异并不大。今天许多城市规划建设的严格管理主要体现在对用地属性、经济和安全的考虑。在居住综合体中，可以设置一些小高层框架建筑，完全可根据本地商业环境和城市发展需求而将其最终改成酒店、青年旅社、公租房、普通住宅或商住两用房。需要注意的是，此类房屋的使用安全和疏散要求至少不应低于现行标准，且在规划之初就为人流、物流的连通留有余量。

2. 住宅户型的适应性和可变性

当居住综合体的周边环境不断完善之时，住宅的内部空间和分隔方式自然就成为每个住户最为关注的内容，人们对自己居住的房屋常有非常个性化的要求。虽然住宅开发商想了很多办法，但目前的房地产模式和房屋建造体系并不支持每家住户自主选择室内分隔方式。本书认为，"万维社群"与"智能建造"应互相配合、通盘考虑，为绝大多数家庭提供既保证安全性、又适当个性化的性价比较高的居住形态。

专栏 2.1 的设计探索中，房屋建造模数的研究有很大价值：①4.5×4.5 米的开间与 3 米的层高，成为一套完整的长宽高模数；如果突破专栏 2.1 的模块化建造体系，而以部品化建造的方式，那么采用此模式生产的墙体、楼板、楼梯等，模数系统应较可控。②4.5 米的长度尺寸也很有趣，作为住宅房屋，4.5 米的房屋长边尺寸已基本够用；若一分为二则 2.25 米的宽度既可做 L 形的厨房也可做小卫生间；若一分为三或一分为四，则适合做室内楼梯间或过道。③在专栏 2.1 的结构体系中，4.5 米见方的体块能像积木一样叠加，以相对确定的结构体系构成千变万化的空间使用方式。

专栏 2.2 中，万科集团的探索更有可操作性。"万科芯"是在确定的结构平面中，用各种技术手段，把适合不同家庭使用方式的平面置于其中，甚至可以达成住宅与酒店或办公室之间的自由转换。就地产商的可操作范围而言，"万科芯"的探索可圈可点，更重要的是他们已进入了解决问题最重要的一环：满足住宅空间多样化使用的最重要设计工作，主要是室内设计师完成的；而解决空间稳定性、安全性问题主要是结构工程师与其他风、水、电工程师的工作领域。

专栏 2.1 和专栏 2.2 相比，专栏 2.1 强调现成结构体块的不断叠加和内部适应性设计，专栏 2.2 更强调房屋外部的完整性和户型内部的空间挪移。

专栏 2.1 P·House：基于装配式未来社区设计的设想

户型生长模式：人的一生会经历许多不同的阶段，从幼年、青年、壮年再到老年，家庭组成的变化决定了对居住需求的改变。为此，本文将设计一种基于家庭全生命周期的可生长户型模式：在户型尺度固定的基础上，从二层平面中预留出一部分可生长空间，由家庭按自身的资金能力及具体需求进行空间开发与利用。为满足社区内不同家庭的需求，在此以 4500 毫米为基本模数，提出 3 种基本平面尺度，即 4500 毫米 ×9000 毫米、9000 毫米 ×9000 毫米、9000 毫米 × 13500 毫米，且层高为 3000 毫米；一套户型由两层平面构成（见图 2–3）。

图 2–3 户型生长模式

资料来源：王宇欣，刘敏，时慧.P·House：基于装配式未来社区设计的设想 [J].住宅科技，2023（7）.31 37。

专栏 2.2　万科可变户型——"万科芯"

　　2016 年，万科集团的研发部门推出一款在此前被其称为"重要机密"的可变户型"万科芯"。"万科芯"的特点十分突出，户型内部没有墙体，所有承重墙体全部设置在户型的外围，只在居中设置了一根柱子。户型中有 2 套卫生间污水排水管，1 套厨房生活用水排水管和排烟管道，都贴户型的外围设置。这样就在同一户型中实现了从一居室到四居室的变换可能。2018 年在"万科芯"的基础上，又迭代出"万花筒"形平面，进一步提高舒适性，更大拓展了空间变换的可能性。

　　从"万科芯"到"万花筒"，万科的探索证明了住宅户型的潜力和多种可能，甚至还可预见，普通家庭居住空间与公寓酒店甚至商业和办公等空间自由转换的现实可能。

　　资料来源：作者根据相关资料整理。

（二）教育学习

1. 教育范围

　　人们对教育的理解，至少包括从幼儿园到大学的全过程。本书建议的"万维社群"中，幼儿园应设在"邻里圈层"里，小学和中学可设于"中间圈层"，大学设于"城市圈层"，有些城市的大学城甚至能容纳来自全国各地的学子们。这种布局方式既考虑到儿童、青少年上下学的方便安全，又是国家中小学教育公平性的表现形式。

　　此外，我国自古以来对子女教育都极为重视，家长们都知道教育资源不仅指教室和操场，还有教师和同学们的素质，甚至人的因素更重要。从媒体公开发布的中小学教改信息可以发现，国家正努力把优质的中小学教育资源下沉。而"万维社群"不仅适合用智能建造体系来建造房屋、道路和园林，还特别支持社会管理和政策指导把优秀的教育资源引入社群和民众生活之中。

然而，当科技发展加速、中国社会日渐老龄化时，还有一些教育模式的社会需求也在增长：其一是继续教育，其二是老年大学。继续教育可临近"高等教育"或"工作场所"，因为继续教育更强调专业性或实操性。老年大学最好设置于"中间圈层"，当然也是为了交通便利。从功能属性上讲，二者也属教育范畴，但服务对象和经营模式肯定与公立教育不同。因此，继续教育和老年大学可与大学或中小学校邻近设置且单独设置出入口，目的是既可共享一些教育资源，又不致干扰公立学校的安全管理和影响公共交通。

在各种中小学规划的讨论中，学生离家远近常被视为重要因素，却鲜少考虑教师的居住位置和上下班通勤问题。如果有建设良好的"万维社群"，随着优质中小学教育资源的下沉，教师们要么能在学校附近找到房子居住，要么可在离自己家较近的地方就能找到教职。

2. 教室是校园的聚合力量

当线上会议、线上课堂愈发普遍后，人们不得不面对一个问题：数字 AI 时代的教育中，实体教室中的课堂教学还重要吗？过去那种把一个个教室连接和垒叠在一起的教学楼还有存在的必要性吗？

本书认为：在数字媒介发达的今天，实体教室的重要性反而愈发凸显，这是把我们的青少年从深度介入的社交软件和虚拟世界中"拉回"现实世界的最重要途径，也算是教育界和教师们的责任。人类的集体意识、互助精神只能在集体场景、集体活动和集体生活中来训练和培养。相对封闭的校园、操场和教室都是培养青少年集体意识的最重要场所。对于一向崇尚团体协作、集体主义的中国人来说，这个训练培养过程极为重要，甚至是中华文化传承的重要基石。随着数字技术和设备的发展，未来的中小学教室中各种设备的配置数量和水平都会提升，可以用更多方式辅助教师教学，便于学生理解，提升教学质量。对国家和社会公益机构来说，对偏远贫困地区的教育扶持可通过补贴教学设备来达成，成效显著、操作便捷。我们的教育资源和博物馆资源也应打开并贯通，让孩子们在学校里、教室里、在教师指导下，通过网络平台就能学习到全球各地的更多知识，效果更好，效率更高。

中小学校的校园设计中真正与众不同之处，未必在于教室平面或色彩配搭，而在于公共空间，如公共通道、运动操场、体育场馆、音乐教室、科学实验室和艺术画廊的规划设计，这些公共空间的完备和品质，才是教育观念和学校水平的最重要体现。随着国家经济的不断发展，各地中小学校的相关设施配置水平也会持续上升。当中国社会平均教育品质达到一定水平时，绝对是中国人幸福感的重要来源之一，甚至可能帮助提升中国的人口出生率。

（三）医疗养老

1. 医疗资源的下沉

与教育资源一样，医疗资源的下沉既是民众要求，也是国家推行智慧医疗的动力所在。智慧医疗的总体目标是借用各种数字技术，方便病人就医、取药和保健，也利于医院的医疗资源，特别是资深医师有顺畅通道能到基层服务普通民众。因此图 2-1 中，"中间圈层"中的医疗健康功能，有些类似于现在的社区医院和二级医院，能解决常规的体检和求医问药需求。

不过在"万维社群"和智慧医疗体系中，这种基层医院还需承担其他责任：成为公民身体健康数据收集和保管的第一站，有保护数据安全的责任。若遇重症，需要到专科医院或更高等级的医院就诊，二级医院可酌情先完成基础检测项目，检查结果可通过智慧医疗平台进入数字病历，便于接收医院的医生快速了解病人情况，并继续累积数字病历内容。整个过程，既能减少病人的奔波之苦，也便于医生全面了解病情，还利于病人出院回家后，有二级医院或社区医院的医生登门看诊和辅助治疗。通过智慧医疗平台和"万维社群"的医疗服务系统，才能做到让医疗资源广布且医疗数据集中。当然这也意味着，我们目前的医疗资源还很不够，分布也不尽合理。一方面，基层医院的点位铺开和提升质量，需要盖房子、买设备、人才引进、流程标准化等一系列工作；另一方面，国家现有医护人员的数量和平均水平，恐怕也很难在短时间内满足各地需求。从这个角度讲，智慧医疗和"万维社群"建设可能还不仅是高新科技的推广领域，而更是弥补现实短板的必由之路。社区医院照看"邻里社群"中的老年人和婴幼儿非常方便，甚至可能培养出中国式的私人医生。因此中国各地现有社区医院的数量和服务内容明显不足，还需不断发展。根据各地具体条件不同，"社区医院"的软硬件要求应有较大弹性，考虑地区适应性。这可能并非卫生健康部门能独立解决的大课题。

2. 让居家养老更可行

银发族如何养老，已成为当代中国的重大社会问题。居家养老和日间照护必然是最主要的养老方式，符合中国人的传统观念也方便家庭亲情的延续。今天居家养老面临的许多困难，归根结底就是缺少场地和资金。甚至即使未来政府或公益机构能对困难家庭或相关机构进行补贴时，也没有相对确定的服务内容、服务机构、服务空间和服务费用。

在"万维社群"中，既可设有专门的老年公寓，让老人在离自己孩子较近的地方租住，与子女同住的老人也可被送到"邻里圈层"中的老人日间照护中心。两种老人都能享受社群提供的全面养老服务，因为就近设置的"社区医院"，既能提供专业医疗服务，还能有效指导老人、家属和培训家庭护理员的工作。而那些年事已高，行动不便或已失智的老人，可自愿或被子女送到"中间圈层"中专业化的失能失智老人照护机构中，因距离不远，子女们也能经常过来探望。

这不仅是为老人的幸福，也是为成全子女后辈的拳拳之心。

3. 医疗养老与景观设计

在现行的规划和建筑设计规范中，对医院和养老院的交通、卫生、安全和污物处理等方面都有很完整的要求。未来的"万维社群"规划中应遵守相关规定。不过，随着各种现代设备和技术的引入，规划设计时的自由度会适当增加，建筑师、室内设计师和景观设计师在满足空间特定功能后，还能在艺术性和多功能方面有更多探索。

在我国城市建设中，景观设计的进入比较晚，直到21世纪后才为大众广泛理解。不过景观设计行业的发展很快，让今天的人们已经意识到，景观设计不仅能提升景观艺术性，更能提升环境品质，还可满足人们的健身休闲要求，未来的景观设计还是提升医疗养老效果的重要手段（见专栏2.3、专栏2.4）。

专栏 2.3　景观医疗案例——日本空之森诊所

位于日本冲绳的空之森医疗诊所试图把来访者从孤立紧张的医疗环境中带回到原始的环境中去。景观设计师将半室外空间与大自然交织处理，复活原有的森林生态系统，让自然进入诊所中，把自然作为医疗救护的一部分（见图2-4）。

图 2-4　日本空之森诊所景观设计

资料来源：https：//www.gooood.cn/sora-no-mori-by-tezuka-architects.
htm。

专栏 2.4　景观医疗案例——芝加哥儿童医院

家庭顾问委员会和卢里儿科医院把这个位于 23 层楼上地方，改造成了一个令人鼓舞的康复花园。这个花园绝对有助于减轻住院的儿童和他们父母的压力。

空中花园坐落在一个玻璃温室里，花园的建造，同时选用了人造材料和天然材料，形成非常丰富的体验。在这里玩耍，既不会因为室外气候变化而引起病童的身体不适，还能让孩子们有回到自然的心理感受。花园中设有各种小菜园、迷你农场，可提供个体化和集体性的活动空间，满足了有免疫缺陷的儿童需求（见图2-5）。

图 2-5 芝加哥儿童医院空中花园景观设计

资料来源：https://www.gooood.cn/the-crown-sky-garden-by-m-k.htm。

（四）办公生产

1. 商务办公楼

现有商务办公楼的经营情况普遍不佳，既可能因疫情后经济复苏有限，更与人们的办公方式和公司经营方式变化有关。需要租用办公楼的公司通常以智力密集型劳动为主，当通过居家办公、拜访客户、定期或不定期的会议即可完成大部分工作时，大型办公空间的确不再是公司经营的重要诉求了。

即使在商业办公楼市场火爆的时期，我们也会发现，上下班高峰期办公楼群中人流的潮汐现象太严重，对周边交通和商业的运行都很不利。那么，如果在规划建设时把办公楼和住宅楼就近规划，相对能减少潮汐现象的不利影响。当市场条件好时，办公楼周边的住宅出租率也较高；社会经济情况不佳时，原有住户至少能在一定程度上保证周边商业服务设施的稳定经营。甚至，就房屋结构体系而言，办公楼和高档住宅差异不大，因此在开发建设中或老房改造中，调整房屋属性和内部空间时，也有一定适应性。这也是图2-1中把办公楼与居住综合体均放入邻里圈层的原因，能有效避免"睡城"现象的出现。

2. 工厂和工业区

目前的工厂规划几乎只关注与生产相关的内容，除车间、库房外，还有必要的食堂、职工宿舍、办公楼等。但新中国早期的工厂规划除了这些内容外，还几乎覆盖了员工、家属和孩子们的所有生活需求。今天看来，其实这个时期的工厂更有人情味，也更有社会主义大家庭的意思。只是从市场经济角度看，这种规划建设模式导致企业的运营管理成本太高，不利于企业竞争和科技升级，因此随着一轮轮的改革，与生产无关的内容就被排除在厂区规划之外了。

虽然这种规划方式减轻了企业负担，但工作于其中的人们未必真正开心：一来缺乏集体归属感，二来生活的确不方便。如果用"万维社群"的观点来分析工厂、工业区和配套服务时就会发现，工业园区的规划中不能只有工业生产内容，即便为了吸引更多有才华的工程师、高级技师，也需要提升厂区规划品质，应在工业园或产业园区的配套居住区周边设有商业、教育、医疗等设施，只是这些房屋与车间的距离应满足安全要求，类似于我国早期的工厂区和工人新村的关系。

如此看来，真正的区别不在规划方法上，而在于运营模式上，只要采用更社会化、市场化的商业模式，服务内容更精细化和个性化，这些服务配套内容将极大吸引有才华的工程师、工人技师安心在工厂工作。在规划工业园、产业园时，若能为"万维社群"的建设留有余地，对于大力发展制造业的我国社会来说，是绝对有必要的。

3. 乡村和农业生产

今天的农业生产，除户外的耕种、果园作业和禽畜养殖外，其实还有工厂化种植、养殖和农作物粗加工、精细加工的工厂车间。但无论何者，乡村中的"万维社群"建设也可参照工业园区的常规做法。从这个意义上讲，未来的农业生产和工业生产虽然在生产原料和技能方面有差异，但从社会逻辑和社会功能角度上讲，二者区别就不大了。这或许是消除城乡差异的重要途径之一。

（五）商业休闲

1. 商业场所

我国城市中的商业、体育、休闲场所愈发丰富。这甚至是观察社会富裕程度和民众精神风貌的重要窗口。

电商大发展时，传统商业模式受到冲击，不断转型的商业空间和不断增长的体育休闲场所，逐渐融合、形成了相似的布局逻辑：大型购物中心的内部功能越来越丰富，商业模式越来越复杂，完全可以把餐饮、教育、社交、健身、娱乐内容通通包裹进来，形成极大的磁吸力，因此大型购物中心的辐射范围可以很大。现在许多地产项目以大型住宅社区为基础来开发大型购物中心，再争取附近街区顾客的做法，的确符合市场逻辑和社会心理。设在居住综合体和邻里圈层中的商业服务设施，以满足民众日常刚需为主，如小超市、干洗店、理发馆等等。"中间圈层"的店铺经营更有活力，更接近以前人们熟悉的商业街。这里的商业内容变更最频繁，几乎完全由市场经济决定，因此是商业经营、市民生活和公共管理交锋最频繁之处，但也是城市中最具活力、最有烟火气的场景。遗憾的是，现有城市规划和城市管理原则均不支持这部分商业内容的快速变化，如何在合理性和自由性之间保持平衡，是公共管理的重大课题。

2. 体育休闲

体育休闲设施至少也分为三个层级："邻里圈层"中的小型健身房，"中间圈层"的中型体育馆或球场，再有就是"城市圈层"中可举办城际比赛，甚至国际比赛的大型运动场馆。除此之外，大学和中小学校中的体育场馆是否可分时段向社会开放，也值得讨论。

前文所述的大型购物中心中，其实也有设置体育休闲项目的，如室内攀岩、室内冰场、影院或 KTV 等。这种规划设计方式提醒我们，地产商在应对市场选择，确定地段功能和运营模式时，其实已经把规划原则往前推进了一大步。那种按功能划分地段的方式，已越来越不适应当代城乡生活需求。人们更乐于在轻松舒适的环境中享受更多样化、更新鲜有趣的活动和服务体验，这或许将成为未来城乡规划建设的一项基本原则。

（六）交通运输

因为电商物流、新能源车及智能驾驶的介入，"万维社群"的交通系统将变得极为复杂，有时它可能不再是服务于各个房屋聚落的辅助内容，而快速跃升为主角。对交通道路的设置，常规做法是先分出人行道、自行车道和机动车道，然后再进行设施安装和地面画线；但科技发展已让这种规划方式变得不那么确定了。

无人运货和智能驾驶的车辆应该走哪条道路？虽然 AI 学习要求交通工具识别判断速度快、准确性高，但谁都知道越是平直的道路、简单的街景，就越利于 AI 计算的高效和正确。

快递小哥和"万维社群"中的住户和工作人员都可在自行车道上骑电动车，但快递三轮车明显更宽，对道路的宽度及平整度有更高要求。还有，智能送货应如何推广？无人送货车辆应走什么样的车道？是否会因为占道而影响人们的日常骑行？或者反过来，人们的骑行会影响无人送货的效率或安全？他们是否也会对步行的人们（老人、儿童等）的安全造成影响呢？

现在许多城市还修建了景观自行车道，往往是平地道路和高架桥相结合，在景观绿地里穿行，上面一般不允许走机动车，但是行人与自行车是混行的。这种道路的规划建设和使用方式其实已经突破了既有的道路规划方式，其景观性和娱乐性超越了功能性。

总之，在数字 AI 时代，道路的使用者、使用方式、路边的设施配套越来越复杂，越来越多样的车辆类型都要求有长停或临时停靠的空间场地，许多车还有充电要求。而目前几乎所有住宅区、办公区、校园或商业区都没解决好这个问题。许多房屋的首层可能应为交通、物流和多种车辆的临时停靠留出空间和充电设施（见专栏 2.5）。

专栏 2.5　日本品川"星形公园"地下自行车库设计

日本品川的地下机械自行车车库，证明地面还车和地下存放的现实可能。

品川车站是东京日平均客流量达 90 万人次的城市枢纽之一，近年来随着车站周边大规模商业设施、办公楼及高层公寓的开发建设，使其成为城市商业中心之一。随着车站客流量的增加，车站周边自行车的停放问题也越来越突出。为了缓解该地区的自行车停放压力，日本技研制作所开发了一套环保循环的机器人系统，在地下 11 米处修建了一个可容纳数百辆自行车的地下车库，整个建设过程只有 2 个月。

　　该地下自行车库位于日本东京品川区品川车站前，地下停车库建造在"星形公园"内，车库地上部分设计和周边环境设计融为一体，造型时尚具未来感，一改自行车停放场所的混乱局面，成为城市环境有机的一部分。最初的方案构想有5个地下圆柱体，每个能存放204辆自行车，整个方案共计容纳1020辆（见图2-6）。

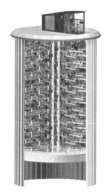

图2-6　地下自行车库

　　资料来源：杜守帅，过伟敏. 日本自行车停放设施设计研究［J］.包装工程，2015（10）：68-71。

（七）应急救灾

"万维社群"规划建设中的房屋类型和功能预设并无特别之处，其创新在于如下三点。

第一，"万维社群"的规划原则完全不同于现代城市规划的功能优先原则，而是应以产业特征、经济规划和本地居民生活习惯为主。在规划建设时，应充分考虑城乡居民生活的方便性和数字 AI 时代的城市管理特征，尽可能增加"万维社群"功能的丰富性和方便性；还需为商业发展、城市更新留出余量。

第二，因为城乡居民要求更高品质的公共服务，教育、医疗、养老等涉及民众生活的公共资源将逐渐下沉到"万维社群"中。更确切地说，"万维社群"将成为政府各项改善民生政策的实际载体，也是中国从高水平 GDP 总量向高水平人均 GDP 迈进时，中国人民幸福感和获得感的重要来源地。

第三，随着智能建造的发展、深入和细化，房屋的建造业可能将逐渐被制造业和服务业所替代。这也将导致房地产业的拆解和重组。

虽然"万维社群"前景值得期许，但我们也应意识到，当城乡规划建设的原则和方法都发生了变化时，生活工作于"万维社群"中的人们是否能获得比此前人们更多的安全保护，是另一项重大课题。

一是"万维社群"中如何能系统化地推行应急、防灾、救灾工作，不仅涉及房屋建造、场地规划，还涉及行政管理和民众演练等多个层面的工作，需要专题讨论。

二是在新体系形成之前，现有的各项规章制度，规划师、设计师、工程师和技术人员的工作标准应不低于已有规范要求，并不断总结经验。

三是根据图 2-1，应时刻保证核心圈层的有效运转。能源中心和数据中心应保证稳定工作，即使短时间停止亦能快速恢复。党组织、家委会是保证安全的基层团队。只要核心圈层仍在运转,遇到任何灾害之时,民众都能有序避险、抗灾并等待救援。

四是随着全球气候恶化和国际竞争加剧,以前那些常规的防灾避险设施和操作流程,可能已不能满足要求了,许多以前不被关注的内容甚至可能成为潜在的灾难源头,如迪拜暴雨和郑州暴雨,小概率事件造成了极大伤害。虽然我们并不需要在所有"万维社群"中都配置相同标准的防灾避险设施和空间,但是我们要对不同群体的重要性进行区分、制定标准,配套逃生方案,如学校、医院、博物馆、城市管理中心等,的确应优先考虑。当然,如何深化操作也应深入讨论、慎重决策、有效推广。

五是当我国人均住宅面积不断增长,房屋建造水平不断提升时,每个家庭中是否可以标配一些防灾设备和避险房间?从商业逻辑上讲,这可能要求考虑防灾套系产品的生产、销售和储存;从房屋建造技术上讲,这可能要求探索新型结构体系、房屋布局原则和材料施工技术。

六是景观设计的重要性愈发凸显,不仅因为它能给生活工作于其间的人们带来更好的心灵感受,还在于景观系统能综合解决许多其他重要问题,如"万维社群"中老人、儿童、年轻人、成年人的健身场地和环境均受到关注;当户外景观引入室内时,让老人日间照护中心、基层卫生所、幼儿园的室内景观品质都得到提升,成为民众心理疗愈的重要途径之一;景观设计中的高坡、溪流、广场等其实也可作为防灾避险的场地,平时的景观体验如何与灾害来临时群众避险高效有序结合良好,将成为景观设计和公共管理的大课题。

第三章
"万维社群"呼唤
"新型地产"

本章提要

"万维社群"是对数字 AI 时代生活方式的重大回应。既然每个人都可自由来去、面对"游牧人生"，既然人们在任何城市、任何房屋中的停留都只是时长不等的人生过程，那么，我们的文化传承、时代记忆到底应在物质收藏中寄托情感，还是能依靠数字技术，在虚拟世界里获得"永恒"？

"万维社群"的本质其实是反虚拟世界的，力图在真实时空中为人们建设真实的家园。"万维社群"的实现，不仅需要美好的理想、政策的引导，还需要以"智能建造"为基础的完整产业链，需要"新型地产"模式来平衡商业利益、市场需求和社会公平等诸多诉求。

本章简要总结了国内外建筑工业化的经验教训，倡导建设中国的"新型地产"生态群，让地价与房屋建造价格分开计算，让中国的社会公平、科技发展和市场竞争均获得可靠有序的实现平台。

一、发达国家的经验与启示

任何国家的建筑产业都不仅是技术问题，还涉及各种上下游产业链，以及社会公平、经济政策和银行业投融资水平等问题。因此，各国的建筑工业化与房地产政策都密不可分。所以在讨论建筑工业化和智能建造时，不可能完全抛开各国地产模式的影响。甚至，发达国家的经验告诉我们，只有地产模式与建筑工业化发展模式相匹配时，二者才能互相促进、良性发展。

（一）美国的住宅产业化

美国的住宅产业化相当成熟，产业规模巨大，对中国的住宅市场具有深远影响①。

美国的住宅产业化起源于 20 世纪 30 年代。早期的产品化住宅主要是拖车式的、用于野营的汽车房屋。因为美国为土地私有制国家，又信奉自由资本主义市场经济制度，所以房地产业和房屋生产系统都主要从经济角度，特别是金融投资角度来思考问题。从美国的各种相关行业协会成立时间可见，美国的住宅产业协会成立时间最晚（见专栏 3.1），说明这是房地产业中最后完成的规范化板块。

专栏 3.1 美国房地产相关行业协会成立时间

随着美国房地产业的快速增长，整个社会对专业化的呼声越来越高。房地产业组织了各种机构和行业协会，来提升行业水平，革除不规范行为，更好地与相关部门及普通民众协调沟通，并保护房地产业者权益。

国际建筑业主与管理者协会（BOMA）：成立于 1907 年，代表着中心城区的摩天大楼及一些大型商业建筑的业主和物业管理经理，其主要任务是进行管理的职业培训，在出台公共政策时保持统一声音。

美国房地产经纪人协会（NAR）：成立于 1908 年，对房地产经纪产业的所有参与者进行公共管理。协会在促进房地产教育、研究及政府有关房地产公共政策的出台方面，都扮演着重要角色。

美国抵押贷款银行家协会（MBA）：成立于 1914 年，与房

---

① 美国的建筑工业化不只局限于住宅领域，公共建筑中也有大量成熟经验。但因公共建筑的结构体系和材料选择更多样，很多技术经验已被中国建筑业所吸纳，且产业链条与住宅产业不同，本书暂不讨论。

地产经纪人、开发商及人寿保险公司结盟，以便于迅速发展和扩张融资工具的种类，为收购或者开发房地产提供融资方便。

城市土地学会（ULI）：成立于 1936 年，主要由商业和居住物业大开发商的精英组成，主要工作集中于教育和研究、公共政策问题、改善私人开发的标准和实践。

美国联邦国民抵押贷款协会（Fannie Mae）：成立于 1938 年，利用为联邦住宅管理局（FHA）担保的抵押贷款建立了一个强有力的二级市场，它从主要的贷款人手中购买贷款，从而使得这些贷款机构的资金具有足够的流动性；同时也为他们发放新贷款，使他们通过增加业务量而获得额外收入。

全美住房建筑商协会（NAHB）：成立于 1943 年，旨在游说联邦政府在战时容许私人开发商在联邦住宅管理局担保抵押贷款的支持下，继续开发或出租住宅。

资料来源：国际建筑业主与管理者协会（中国），https://www.bomachina.org；美国联邦住房金融局（FHFA）房价指数（HPI），https://www.marketmatrix.net/topic/US.NAHB–HMI.htm；美国抵押贷款银行家协会（MBA），http://marketmatrix.net/topic/US.MBA.htm；关于城市土地学会（ULI）中国大陆，https://china.uli.org；房利美公司，http://www.fanniemae.com；全美住房建筑商协会，http://marketmatrix.net/topic/US.NAHB–HMI.htm。

美国住宅产业化发展源于几个社会背景：20世纪30年代，受经济危机影响，美国政府为扩大内需、刺激经济发展，同时解决中低收入者的住房问题，制定了促进住房建设和解决中低收入者住房问题的政策。在此背景下，罗斯福政府开始直接介入房地产调控，制定了包括刺激住宅建设、解决低收入人群住房问题、促进融资顺畅等目的在内的一系列法案①，联邦政府的房地产政策逐渐成形。由此，美国的住宅产业化迅速发展起来。受拖车住宅的启发，一些住宅生产厂家也开始生产外观更像传统住宅，但可用汽车拉到各个地方直接安装的产品化住宅。

第二次世界大战后，美国有超过700万复员军人需要安置。在此背景下的20年间，大规模的住宅建设浪潮兴起，住房自有率迅速上升，房价稳定上涨。1950—1957年，美国的住宅产业界在汽车房屋的基础上，开始了以居住为主要目的、可移动房屋的开发，开启了产业化住宅时代。由于这类住宅的建造成本仅为一般住宅的一半，因此在美国中低收入人群中极受欢迎。20世纪70年代以后，人们要求面积更大、功能更全、外形更美观的住宅，住宅产业继续升级。

20世纪80年代以后，是美国住宅产业化的成熟阶段。在此期间，美国不仅实现了主体结构构件的通用化，还形成了住宅部品的市场供应链。美国钢结构住宅市场发展完善，住宅构件配件的标准化、系列化、专业化、商品化、社会化程度都很高；各种施工机械、设备、仪器的租赁市场非常完善；住宅主要构件、配件在工厂制作，与建筑市场提供的各种配套化的住宅部品在现场组装成整栋住宅。美国住宅的

---

① 如《紧急救济与建设法案》《住宅抵押贷款法》《美国住宅法》。

工程设计、构件制作、部品配套、施工安装由同一企业整合完成，住宅整体性强、质量好、效率高、成本低。由于产业化住宅的成本只有非产业化住宅的一半，成本优势进一步促进了住宅产业化，很大程度上解决了中产阶级及低收入群体的购房居住需求。

在住宅工业化、产业化大发展的同时，美国政府开放了住宅的贷款，理顺了融资渠道，在经济上有效促进了住宅产业从小规模生产迅速提高到大规模生产阶段。为推动住宅产业向集约型、标准化方向发展，政府制定了一系列优惠政策，利用经济、法律、宏观调控等手段规范住宅市场，形成了住宅供求以市场机制为主、政府参与为辅的住宅产业发展制度。

从 20 世纪 30 年代至今，虽然历经多次经济危机、战争影响或金融动荡，美国的住宅工业化和产业化过程仍对我们有启发意义。

第一，很少有专家意识到，在所有工业化建筑产业发达的国家中，只有美国是大国，国土面积和人口基数都远超其他国家，因此美国的经验可能尤其值得我们关注。但美国的大多数地区都地广人稀，这就意味着美国住宅价格中的平均土地使用费用占比相对较低。在近百年的工业化、住宅产业化发展过程中，美国的人口数量不断增长才达到今天的规模。因此美国的工业化住宅主要是低层独栋房屋。这种做法有其本土适应性：首先，建设成本相对较低；其次，居住品质相对较高，不易被干扰；再次，房屋产权的归属、转让和房屋加建改造的操作都较方便；最后，可以在确定购买意向后再建设房屋，以免房屋闲置和增加管理成本。

第二，所有建筑工业化和产业化成功的国家都需要政府的全力支持，无一例外。美国政府前后出台的各项政策，主要包括以下几方面内容（见专栏 3.2）：首先，充分利用美国各级各类银行建立完善的信贷制度，让房屋建造商和普通购房者能得到贷款支持，打通了资金链，促进市场需求，并让产业发展有源头活水。其次，国家出台或指定某部门对工业化房屋的模数、建造工序、技术标准和房屋安全等进行规范，并立法要求全行业执行；一旦有了新技术、新材料，也会被纳入这个标准体系中。再次，政府鼓励科技创新，不仅成立科研机构、拨款支持专项研究，还支持把太空科技推广至民用住宅中，显然把住宅产业看成是集成和推广高新技术的蓄水池。最后，与住宅工业化产业化相关的技术、经济和社会政策、法律法规，都是逐渐完善的，难以一蹴而就。

专栏 3.2　美国政府出台的住宅产业化政策

为了直接推动住宅的工业化和产业化，美国政府制定了一系列产业政策和扶持计划来推进住宅产业化，设立产业化实施机构，发展住宅产业集团和民间机构，从机构组织和人力资源上保证其贯彻实施。美国在 1965 年将住房财政所升级为住房与城市发展部（HUD），下辖七个职能部门，从建设计划、财政金融政策、技术研发和标准设定等方面推进相关工作。

美国先后出台了《住宅与城市发展法》《国家产业化住宅建造及安全法案》等法律法规；1976 年，国会通过了国家工业化住宅建造及安全法案；同年联邦政府住房和城市发展部开始出台一系列严格的行业规范标准，沿用至今。只有达到 HUD 标准并拥有独立的第三方检查机构出具的证明，产业化住宅才能出售。HUD 又颁发了联邦产业化住宅安装标准，它是全美所有新建 HUD 标准的产业化住宅进行初始安装的最低标准，相关条款将用于审核所有生产商的安装手册和州立安装标准。

技术创新是住宅产业化的必要条件。美国政府在 1969 年开展了"突破行动"，研发产业化住宅建造的新方法，建立示范基地来宣传新方法，逐渐形成了较完善的产业化住宅技术体系。美国国会每年拨付住房与城市发展部 1000 万美元，专门研究住宅新技术的开发，还委托美国国家建筑技术研究中心负责建筑技术的研究开发工作，美国国家航空航天局还把太空船中心的一些先进技术（如水的循环、净化利用、太阳能电池等）逐步推广到住宅产业中：如"卫生间中水处理系统"是将生活废水经物化或生化处理达到《国际生活用水水质标准》；避免卫生间排水在地面上打洞的"后排水构造系统"，从根本上消除了产生噪声、交叉感染、冷凝水等问题；光热利用和光电技术应用的太阳能技术，在产业化住宅中也逐渐广泛应用，如太阳能灶、太阳能热水器、太阳能电池、光伏发电站（系统）。

资料来源：艾邦光伏网.太阳能光伏光热建筑一体化研究新进展［EB/OL］（2022–7–25）. https://www.abpv360.com/a/2305。

第三，美国工业化住宅的全链条开发主体是各个房地产开发企业。企业负责从拿地、贷款、户型设计到产品销售、产品集成、房屋建造的全过程。简单说就是此类房屋都是一个个"种"在确定地块上的房屋产品，购房者不仅买了建好的产品，还买了房子周边的一小块土地。

这就意味着开发商是总包单位，不仅应完成规划、设计、建造的全过程工作，还能尽可能提供客户满意的房屋造型、内部户型和周边小环境，为保证产品品质和效率，必须有非常多的专业配套公司提供服务，如钢材、混凝土、模板、板材，还有施工工具、机械租赁等都在此列。就是说开发商成了跨专业的集成平台，而美国的工业化住宅生产商由若干大公司和更多的专业化公司共同组成，基本运作逻辑跟汽车产业完全一致。

第四，在现场施工方面，分包商的专业化程度很高，分包公司的数量也远高于总承包商的数量。这些专业化的分包商分工很细，为在建筑业实现高效灵活的"总包—分包"体制提供了坚实保障。总包和分包的关系不仅是集成平台与专业团队的关系，各自还有独立的商业利益和安全责任。其组合方式多样，各公司的业务板块完全因市场环境和自身特点而形成，是市场充分竞争后的产物。这对中国的房屋建造产业链的建设，有巨大启发意义。

第五，在建筑技术方面，美国的住宅产业化有三大特征非常明显。

一是美国的住宅工业化除了坚持构件配件的标准化、模数化和通用性之外，还注重住宅的个性化、多样化发展。美国重点发展轻钢结构住宅，多层民用住宅、别墅都采用轻钢结构体系。在很长时间里，美国的钢铁工业都非常发达，钢铁不仅用在住宅中，还广泛用于公共建筑和高层建筑中。美国的高层钢结构住宅基本实现了干作业，达到了标准化、通用化；独户式木结构住宅、钢结构住宅在工厂里生产，在施工现场组装，基本实现了干作业，达到了标准化、通用化；用于室内外装修的材料和设备、设施种类丰富，用户可以从超市里买到各种材料，甚至非专业的消费者也可按照说明书自己组装房屋。构件的"通用性"是其工业化、市场化和标准化程度高的重要表现。

二是达到国家级机构主导的房屋产品技术标准，成为房屋产品销售的必要前提（见专栏 3.2）。这也提醒了我们，技术标准用在生产和施工过程是生产管理的必要内容，但用在产品销售中则成为产品标准。可跨界的技术标准体系应该是连接制造商、经销商和使用者的最硬核内容。

三是太空科技在住宅产业中的推广（见专栏 3.2）尤其值得今天的中国人学习。工业化住宅生产不仅能提升民众生活品质、能引领多个制造产业发展，还是推广各种中国自有高新科技成果的极好场所，而我们在这一点上还需进步。

第六，美国房地产市场还培育了一批颇有影响力的住宅建造商。帕尔迪（PHM）公司成立之初就确立了专业化发展路线，集团高层非常重视产业链整合，极重视市场营销、精细化运营管理和全链条客户服务，因此消费者信任度很高，还实现了 20 世纪 80 年代以后公司的快速扩张。

但进入 21 世纪以后，帕尔迪的公司定位发生了变化，致力于成为一家"大部分市场都要占领、大部分领域都要参与、大部分客户都要服务、大部分业务都要成为市场最强"的"通吃型"公司。于是它放弃了传统的客户细分方法，相对粗放地把客户分为两类，依靠自身品牌和实力优势进行市场营销，公司认为这是保证未来能稳定占据美国本土市场榜首的战略需要。也是因为这次战略调整，使其受系统性风险影响极大，次贷危机爆发后公司连年亏损。

汉斯有限合伙公司（Hines Interests Limited Partnership）与帕尔迪不同，从 20 世纪 80 年代起，汉斯就基本不再依赖传统的重资产开发模式，而是采用"募集权益基金＋代建开发＋收购权益基金股权＋管理收益"的模式进行开发。除了自行开发运营项目外，汉斯还开展包括合作开发、第三方代建等多种业务，并开发了数十个金融投资工具以保证资金来源。公司的资金来源多样，既包括自有资金、传统金融机构、个人投资者，也有政府投资机构、保险和慈善基金等。公司逐渐以提供金融智力服务为主，并把房地产业建设和金融链条切割开来而各自发展。这种操作模式很有启发性。

第七，各种绘图制图的软件和平台，如 AutoCAD、建筑信息模型（BIM）等都是美国公司开发的。它们打通了设计与施工的边界，保证工作准确性和协调性，提高工作效率。虽然现在的建筑软件和工业设计软件之间的数据转化还有问题，但未来一定能打通制造业和建造业的数据边界，不同软件平台上的数据可以共享。建筑信息模型系统的出现，让各个设计和工程管理专业，进一步打通边界，还让建成房屋有了数字形态，这可以成为城市"数字孪生"的技术基础。

（二）德国的建筑产业化

在资本主义国家中，德国的房地产业可算是个另类。德国房地产市场带有强烈的政府管控色彩，政府有权强制按照市场基本价格购房，强制私人土地用于公共事业的开发。德国的住宅地产可简单概括为四个特点：政府强势干预、私人有效参与、租赁市场发达、新房建设量不断下降。

德国政府保证公民居住的主要手段不是通过市场，而是通过较完善的政府管控、私营经济部门和私人建设完成的，因此通过房地产牟利的私人企业在德国也很难存在，德国房地产业对经济的贡献很小。

德国房地产业的长期平稳缘于当时西德政府的战后恢复政策。

1949 年，为了快速从第二次世界大战废墟中解决公民的基本住房问题，新成立的联邦德国政府动用非市场手段实施了严厉的住房管制政策，包括禁止取消租赁合同、租金由政府统一制定以及私有房产由国家分配，这些政策一直延续到 20 世纪 60 年代。当国家经济逐渐恢复后，联邦德国政府又开始建设大量社会保障房、提供住房补贴、保护租房权并加快私有住宅建设。在以限制交易、促进私人建设和大范围补贴为特征的政策带动下，德国人的居住状况得到极大改善。

德国房地产的真正市场化比中国的房地产试点还要晚。1997 年，联邦德国政府和联邦德国邮政一次性地将名下的 39000 套房屋出售给德意志银行的子公司，这被认为是德国房地产市场化的开端。导致德国房地产市场化发展较晚的原因在于：长期以来，德国政府认为住宅房屋是社会需求品而非商品；而到了 20 世纪 90 年代末，由于住宅数量的结构性过剩、人口负增长、联邦政府补贴压力过大等原因，德国政府才逐渐开始强调房屋的商品属性。住宅市场化之后，德国主要城市房屋价格也增长不少。

德国建筑产业化并不是通过地产业来完成的，而是在国家主导下、通过企业的科技创新来不断完成的。

第一，相比美国，德国的国土面积有限，又无地产商介入，因此德国的建筑工业化并未受到房屋功能、类型或属性的限制，而是整体化推进的。德国的房屋结构、材料非常多样，能适应各种项目，钢结构、木结构、预制混凝土、现浇混凝土、集成化设备结构体系都有，各种结构体系可灵活组合并应用在各种公共建筑、多层和高层住宅中。建筑企业的技术体系主要分为大模板体系、预制体系和半预制体系。德国的大模板体系非常成熟，广泛应用在建筑、桥梁、隧道、水电等领域。在预制体系方面，德国企业会因地制宜，综合考虑结构性能、施工便捷等因素，将混凝土、钢结构、木结构、玻璃材料等进行有机结合，结合各自体系之长，选用最合适的结构体系用于具体项目中。在建筑部品、专业产品、设备集成方面，德国都有完善的产品和产业链，很好地支撑了建筑产业化的发展。

第二，德国政府颁布了三大建筑法，甚至对图纸上的标注符号都有明确要求（见专栏3.3）。国家机构还颁布了标准化设计流程。相较美国，德国在设计阶段用心良苦，各种专业的协调和新材料、新技术的引入，在设计阶段就有技术、成本、工艺、工期等的周详考虑。而且正是因为这一环节，再加上德国机械制造业的优势，才让德国的工业化房屋不必太拘泥于统一的模式体系，即使是特殊造型的设计，也能在工厂预制、在现场组装。

专栏 3.3 德国政府和机构出台的法律法规

德国政府颁布的技术法规主要有《德国建筑法》《建筑土地使用条例》《图纸设计符号条例》三大建筑法，在技术标准方面主要由德国标准化研究协会编制的参考规程来辅助设计和招投标工作，完善的技术体系保证了德国建筑企业可在全产业链的相关环节稳步发展。

房屋建设单位负责牵头与客户对接，然后相关的专业设计机构（如水、机电、暖通等）会受委托进行专项设计。预制构件深化设计与结构设计一般综合考虑，当然也有分开的情况。

软件厂商会积极开发软件系统和数据标准，方便不同专业的设计师协同工作。在德国，建筑信息模型系统已得到广泛应用，因此设计成果不仅有图纸，还有大量的数据和清单，与生产系统及企业资源计划（ERP）系统方便对接。

德国实施设计师负责制，在设计阶段就能打通设计、生产、施工、运行维护环节，保证了产业链的协同，更好地发挥了产业化优势。

资料来源：德国东银律师事务所.德国建筑规划法律介绍［EB/OL］（2016-11-29）. http://dongyin-germany.com。

第三，因为政府主导力量强大，德国建筑产业化是在没有地产业和金融业深度介入的基础上发展起来的。这提醒我们，建筑的工业化和地产业并不必然关联，二者的发展规律和内在逻辑都不同。如果有国家力量的强力介入，建筑工业化和产业化也可先行发展。但这个经验能否被中国普遍借鉴也有待商榷。症结并不在于技术水平或国家体制，很可能在于产业规模。中国人口众多、产业规模巨大、地区发展不平衡，在多大规模、多大程度上能借鉴德国经验，也需研究讨论。

第四，德国的建筑产业中，大型企业和家族企业并存。家族企业往往在某个单项产品的生产或建造领域积累了几代人的经验，常常特别有创新能力，极具市场竞争力。还有大量高水平的物业公司对建筑进行运维管理。从建筑产业到运营管理的一体化考虑，值得我们认真学习。

第五，德国建筑业的"产学研结合"一直很出色。在建筑产业化技术和产品研发方面，很多德国大学都和企业保持紧密合作的关系，企业根据自身产品和技术革新的要求，向大学提出联合或者委托研究任务，大学在理论实验研究方面更占优势，能给出科学可靠的研究成果。一些独立研究机构更专注于新型材料、技术等实用性研究成果的积累，有效推动了新技术和新产品研发。更重要的是，德国政府非常重视建筑产业工人的培养，利用"双元制"职业教育制度，通过校企合作、产学结合，不断培养适应市场需求的技能型人才，为建筑业提供了大量优秀的产业工人，这也是德国国家竞争力的重要源泉。

（三）瑞典的工业化房屋

第二次世界大战以后，瑞典也处于房荒之中，加上婴儿潮的出现，促使瑞典政府实行"百万住宅"计划，国家开始大规模建设住宅。为了提高建房效率，必须借助工业化的房屋建造方式。瑞典工业化房屋建设的初期阶段，工作重点是建立住宅建造体系，大力发展高性能的预制化住宅产业。政府致力于提高住宅性能，为低收入阶层和老年人提供住宅补贴，还支持非营利机构提供住宅低息贷款和利息补贴。

20世纪50年代—70年代，瑞典借助住宅市场大规模发展的有利条件，积极研究和推行住宅产业化，使瑞典成为世界上住宅产业最发达的国家。20世纪80年代瑞典住宅产业进入成熟阶段，进一步提高住宅质量和性能。从20世纪90年代初起，欧盟率先提出城市和建筑的可持续发展，瑞典住宅产业化的重点转向节能环保方向，倡导可持续发展的住宅产业化。目前瑞典的新建住宅中，采用通用部件的住宅占八成以上。

第一，瑞典结合本国国情，制定了一系列法律法规来规范建筑市场，推动住宅产业化发展。政府重视标准化、模数化等促进住宅可持续发展的工作，早在20世纪40年代就委托建筑标准研究所进行模数研究；以后又由英国标准协会（BSI）开展建筑标准化方面的工作。政府制定的《环境标准》中甚至对住户能源消耗都有明确规定（见专栏3.4）。

专栏 3.4 瑞典关于工业化住宅的法律法规

瑞典工业化住宅的主要法律，包括《住宅标准法》（1967年）、《建筑物技术质量法》（1967年）、《规划和建造法案》（1987年公布、2003年修订）、《关于 CE 标识的法案》（1992）、《建筑施工技术要求法案》（1994年）等。

同时，政府还制定了技术标准规范，进一步落实相关法律，满足建筑质量、性能和可持续性的要求，主要标准规范包括：《建筑规范》（1993年公布、2002年修订）和《建筑施工技术要求条例》（1994年公布、1999年修订）、《设计规范》（1993年公布、1999年修订）、《环境标准》（1998年公布）等。

瑞典国家标准（SIS）和建筑标准协会出台了一整套完善的企业化建筑规格和标准，如《浴室设备配管标准》（1960年）、《主体结构平面尺寸和"楼梯"标准》（1967年）、《"公寓式住宅竖向尺寸"及"隔断墙"标准》（1968年）、《"窗扇、窗框"标准》（1969年）、《模数协调基本原则》（1970年）、《"厨房水槽"标准》（1971年）等。

此外，SIS 还根据《关于 CE 标识的法案》建立了建筑产品认证（CE 标识）制度；从 20 世纪 60 年代起，建筑部品的规格化被逐步纳入瑞典企业化标准中，使通用体系得到较快发展。

资料来源：筑傲网 . 瑞典建筑工业化的特点［EB/OL］（2018-3-5）［2024-9-12］. http://www.zhuall.com/news/gjqy/2018-03-05/95.html。

第二，瑞典政府为了推动住宅产业化和通用体系的发展，于1967年制定了《住宅标准法》，其中规定，所建住宅若使用符合国家标准的建筑材料和部品,实现住宅的标准化、模数化,符合可持续发展要求,该住宅的建造就能获得政府贷款,这有效推动了瑞典住宅的技术水平提升。瑞典住宅的工业化率全球最高,九成的独立式住宅用工业化方法建造,其工厂生产线科技含量很高,产业化程度高、生产技术先进、质量好、性能高、材料精致、加工精度高。

第三,因为瑞典的独立式住宅品质极好,政府很重视为住宅产品拓展全球市场。这一产业对 20 世纪六七十年代的瑞典经济腾飞起到了巨大作用。借助政府支持,瑞典住宅商向德国、奥地利、瑞士、荷兰,以及中东、北非出口产业化住宅,还打入了美国市场。瑞典住宅成为真正的国际商品,其经验值得我们学习。

第四,瑞典政府非常重视把环保科技引入住宅产业中,比如可再生能源的生产和使用、降低二氧化碳排放、降低建筑全寿命周期能耗及减少环境污染和噪声等,符合要求者政府给予补贴。此外,中央政府还积极倡导各级地方政府、组织、企业为使用了环保设计或技术的项目进行投资或补贴,鼓励企业使用符合可持续发展目标的技术与产品。《住宅标准法》规定,只要利用按照瑞典国家标准和建筑标准协会的建筑标准而生产的建材和部品来建造住宅,就能获得政府的优惠贷款,并对推行可持续发展的企业和个人分别给予捐赠或补贴。

第五,瑞典的居民储蓄建设合作社(HSB)是一种特殊的金融机构,它是国家特许的合作建房运动的主力。同时,HSB 也开展材料和产品的标准化工作,它制定的"HSB 规格标准"更多地反映了设计人员和居民的意见,更符合广大居住者的要求。

第六,20 世纪 90 年代以后,瑞典政府主导,确保新建居住区成为生态节能型住宅的典范,并吸引全球人士前往参观,向各国展示其可持续发展的理念和技术,也促进瑞典住宅产业继续向国际市场拓展。

汉马贝小区和明日之城小区是瑞典推进可持续发展的试点小区，重点展示瑞典住宅小区在整体规划和环保技术集成方面的成就。整个小区的建造过程中，并不追求特别先进的技术和产品，而是把重点放在对成熟、适用的住宅技术与产品的集成上。这种产业化和适应性的设计和集成观念，值得我们深思。

（四）日本的"住宅产业"

日本的"一户建"在日本影视剧中广泛出现，在中国人的印象中，它是展现日式生活方式的典型场景之一。我们可以把"一户建"的房子想象成"种在"地上的一个个独栋住宅。

第一，日本政府制定了一系列方针政策，引导日本住宅产业化发展；制定三年、五年或十年的住宅建设计划，促进住宅产业发展；建立官方机构、咨询性机构等组织，保证法规和计划的实施；利用财政拨款和贷款促进国家公共住宅和私人住宅的建设。

第二，20世纪五六十年代，日本的住宅建设全部由政府主导，民间开发商作用有限。当时主要工作是解决战后房荒，必须为提高建设效率而推行工业化住宅建造方式。政府制定了一系列与住宅建设相关的法律法规，实施了一整套政策及措施。1955年设立了"日本住宅公团"（类似于日本的国企），以它为主导开始向社会大规模提供住宅。住宅公团从一开始就提出工业化方针，以大量社会需求为背景，组织学者、民间技术人员共同进行了建材生产、应用技术、产品的分解与组装技术、商品流通、质量管理等产业化基础技术的开发。日本住宅公团向民间企业大量订购工厂生产的住宅部品，向建筑商大量发包以预制组装结构为主的标准型住宅建设工程，由此能快速、大量地生产住宅，解决了第二次世界大战后日本社会住宅不足的问题。通过这个过程还培养了一批领跑企业，并以它们为核心，向全社会普及建筑工业化技术。这样，日本向住宅工业化和产业化迈出了第一步。

住宅产业化初期，民间企业只是执行者，按住宅公团的设计来生产部品。当民间企业的生产和管理体制逐渐成熟后，就转向自主开发，一方面向公团推荐新部品，另一方面向公共住宅以外的民用住宅大量提供住宅部品，并逐渐取代公团成为研究开发的主角。公团也相应地转变角色，推进民间的技术审查认证制度，开始广泛采用民间技术。

需要说明的是，日本早期的工业化住宅全是标准型的，只有型号、没有商品名；规模、外形、户型、材料等都是固定的，因此住宅产品千篇一律，可选择性、适应性和个性化都不理想。

第三，20世纪60年代末，日本住房不足的问题已基本解决，住宅生产开始从"量"向"质"发生转变。20世纪70年代初期，由于住宅工业化和部品化的大量实施，民间开发商技术实力大幅提升，主动参与到住宅工业化生产中来，整个社会真正迎来了日本住宅的工业化和产业化时代。大企业联合组建集团进入住宅产业，产生了盒子式住宅、单元式住宅、大型壁板式住宅等多种形式，同时设立了工业化住宅的性能认证制度，保证产品的质量和功能。工业化住宅技术体系和产业链已渐成熟，住宅产品抛弃了呆板、单调、廉价的形象，具备了优质、安定、性能良好的特征。

1974年，此前的工业化住宅采用全国性标准图纸，因为建筑造型和室内布局过于呆板，因此被废止。此后的日本住宅产业实行了一项最有影响力的制度，即优良部品认证制度。

这一时期还有两个重要特征：一是日本民间开发商的研究开发实力大增，已能开发建设满足多种需求、更高标准的住宅；二是20世纪70年代的石油危机，使日本住宅的建安费用提高很多，为降低成本，国家不再要求房屋建造全部采用预制构件，而可根据具体条件，允许采用预制件和现场湿作业相结合的方式。这样一来，房屋的生产建造、技术开发和商业模式愈发多样化。

第四，20世纪90年代，日本进入少子化、高龄化时代，劳动力严重不足，提高施工现场的劳动生产率尤为紧迫。获得认证的部品部件越来越多，其中1418类部件取得了"优良住宅部品认证"，各种新的工业化施工技术被广泛采用。

同时，全球关注可持续发展、生物多样性、温室气体减排等问题，日本的住宅产业也随之转向环境友好、资源能源节约和可持续发展。因此也提出了"环境共生住宅""资源循环型住宅"等理念，并进行了众多的试验性建设，先后提出了100年寿命和200年长寿命住宅的发展目标，住宅建设的法律框架、政策制度、规划理念、市场开发、建筑材料、住宅部品以及施工方法都随之不断调整和创新。

2000年以后，全日本实现了KSI住宅的大量推广应用。简单说来，KSI体系是一种支撑体系和内部空间分隔，内部管线敷设，分开处理的房屋结构体系（见专栏3.5），非常适合人口密度高的城市建筑，既能最大限度地让居民生活不受打扰，又能尽量满足每个住户房屋分隔的特殊要求，尤其适合部品预制化以及按流程进行建造安装。

专栏3.5　日本的KSI住宅体系

KSI住宅是日本住宅、城市整备公团（现为"都市再生机构"）自1998年开始研发的一种工业化、可持续的公共租赁住宅。作为新型租赁型SI住宅，KSI对技术体系进行了升级，如：将非承重的分户墙、外墙等部分也划入可变的填充体部分；应用了所有空间都可改变的全降板技术；研发出解决可架空的层高损失问题的胶带电线工法；研发了减少架空空间的缓坡排水系统等。

KSI 住宅开发的目的是更好地回应居住需求和社会发展的要求，并提出了四大社会意义：构筑满足资源循环型社会要求的长期耐用型建筑物，对应居住者生活方式的变化进行改变，促进住宅产业的发展和实践新的供给方式，形成可持续的高品质的生活街区。

K 指的是日本"都市再生机构"；S 是英文 Skeleton（躯体、支撑体）的缩写；I 是 Infill 的缩写，指的是房屋建造时的设备管线、内装修和部分可变更的墙体。

资料来源：搜狐. 他山. 从长寿化到 200 年！日本 SI 住宅的前世今生［EB/OL］（2017-8-11）. https://www.sohu.com/a/163950523_737550。

第五，日本的"住宅产业"一词出现在 20 世纪 60 年代。上文已述，20 世纪五六十年代是日本住宅大量需求时期，随着众多的钢铁、化学、家电企业相继加入到住宅产业中来，住宅生产的工业化技术和产业化体系也逐渐走向成熟，形成了社会经济的新产业。1968 年，当日本住宅生产量达到每年 100 万户的规模时，当时的建设部官员内田元亨在杂志上发表了题为《住宅产业——经济成长的新主角》的文章，正式提出了"住宅产业"的概念，从而确立了住宅产业在社会产业结构中的地位。必须承认，日本"住宅产业"的提法恰如其分，不仅提出了房屋的工业化生产和产业化规模，还指明了住宅产业链能带动多种制造业发展和高科技研发。在大力推进制造业与智能技术大发展的当代中国，内田元亨论述的住宅产业与国家经济成长的关系仍然成立。

第六，日本因地狭人稠，普通住宅面积有限，为满足更多样化的家居生活，在原有普通住宅的基础上，增加一个功能不确定的可变空间，非常利于家庭的个性化使用。由坂仓建筑研究所设计的东京多摩新城集合住宅于 1990 年竣工，可变空间的住宅在这个项目中首次出现。根据住户需求，可变空间的利用方式非常多样，有的与起居室结合起来，房间更大、视野更好；有的独立出来用作书房、琴房或画室；也有的把它当作健身房，甚至有当成店铺营业的。坂仓建筑研究所的这种可变的空间设计理念在今天中国的一些住宅项目中，也有借用。

（五）新加坡的三次住宅工业化探索

新加坡解决住宅问题，首先依靠的是政府强力推行居民住房计划；其次是在其建国之初就建立了国有与私有并存的较为完善的土地制度；向富裕阶层征收房地产税和强大的中央公积金体系，也为新加坡住宅市场的健康发展充当了坚实后盾。

新加坡建国伊始，政府面临房荒、就业和交通三大难题，其中住房问题最突出，全国有四成人口住在棚户区里。为了解决住房问题，1960 年新加坡政府颁布了《建屋与发展法》，并根据该法令设立了建屋发展局、制定了"五年建屋计划"、开始了公共住房建设，要为居民提供负担得起的组屋及配套设施。建屋发展局作为新加坡国家开发部下属的法定机构，既是政府机构，又是房地产经营企业，全权负责所有的公屋房产及其规划、建设、租赁和管理业务，不仅可强制征地进行公屋建设，还可得到政府强大的财政支持，有效解决了建筑工业化发展初期成本投入较高的难题，使新加坡的建筑工业化得到顺利发展。

1964 年，新加坡推出了"居者有其屋计划"，为无力购买私人住宅的居民提供公共住房。1968年，政府通过了《中央公积金法（修正案）》，创立了中央公积金制度，成立公积金管理局，允许居民用公积金购买房屋，有效促进了住房需求的快速增长，房地产业迅速发展。新加坡房地产市场是公共住房为主、商品住宅为辅的格局。政府在住房需求与住房供给两方面实施有效的融资保障政策，保证了房地产业的稳定发展，使其较少受到外部市场的冲击，2008年受国际金融危机的影响也相对较小。

新加坡国土面积小，人口数量有限，很难独立完成工业化房屋的技术体系研发，所以一直试图求助国外高新技术，但因与本国国情对接不太顺畅，所以前后经历了三次工业化尝试才成功。这是几乎所有建筑工业化和产业化的国家中绝无仅有的历程了。

第一次工业化尝试——新加坡建屋发展局于20世纪60年代开始尝试用工业化施工方法来建造住宅。1963年，为了研究大板预制体系对当地条件的适应性，弥补传统建筑方法低效率的缺陷，新加坡建屋发展局发出了第一份建筑建造合同，要求采用法国"Barats"大板预制体系建造10幢住宅、每幢10层，全部采用标准三房户型。该体系是法国于20世纪60年代建立的大型住宅建筑体系，被很多国家学习采纳。这个选择当时看来是合理的，因为从理论上讲，该体系不仅利于提高效率，而且建筑造价可比传统方法低6%。然而项目的执行结果与预期目标相差甚远，16个多月过后，项目只完成了2层，剩下的8层只好由承包商采用传统建造方法完成。

新加坡的第一次建筑工业化尝试，宣告失败，原因有两个：一是项目在执行过程中碰到了许多没想到的问题，如现场工人的管理问题、财务问题等；二是项目的承包商是新加坡的当地企业，缺乏房屋预制建造的施工经验。

第二次工业化尝试——1973 年，新加坡建屋发展局想采用丹麦的"Larsen & Nielsen"大板预制体系，要求 6 年内建造 8820 套四房户型的公寓住宅。放弃法国大板体系，采用丹麦大板体系，原因也简单明了——20 世纪 70 年代，丹麦的技术更先进。这一次建屋发展局吸取了第一次失败的教训，没把建造合同给当地的承包商，而是给了一家当地和丹麦的合资企业。当时新加坡还处于建筑工业化的发展初期，该项目的建造费用比使用传统建造方法高 16.7%，承包商为此还建立了一个生产预制混凝土构件的工厂。然而，由于丹麦承包商的施工管理方法不适应当地条件，加上 1974 年的石油价格上升引起了建材价格螺旋式上升，承包商的财务危机加重，甚至开工没多久就进入了企业清算阶段。建屋局别无选择，只能终止合同，在一幢建筑都没有完成的情况下，项目就被放弃了。

两次失败可以总结出三点经验教训。第一，建筑工业化不一定适合所有工程项目，若本地劳动力多、工资低，就不一定要用特别复杂的技术体系，因为如此操作反而可能花费大、收效差；只有工程规模大，设计方案和构件重复使用的次数多，技术复杂度不高时，工业化建造方式才利于提高效率。第二，推行建筑工业化需要为预制构件工厂及设备投入大量资金，这些投资增加了建筑成本；因此只有项目规模大时，才能实现规模经济、适当降低成本；而新加坡当地传统方法的建造成本在 20 世纪六七十年代已处于世界较低水平，因此，从投资收益看，工业化建筑方法很难比得上当地的传统建造方法。第三，建筑工业化要求预制构件产品生产和现场工作有效对接。而国外承包商并不熟悉当地情况，尤其对当地的施工条件和工人习惯不熟悉；当地建筑工人缺乏预制经验，对使用工业化方法维持工作进度产生的问题也不了解，导致设备在建造过程中的间断性闲置，甚至降低了机器设备的使用效率，增加建造成本，使工业化建筑方法在实际应用上非常不经济。

第三次工业化尝试——1981—1982年，新加坡建屋发展局开始在公共住宅项目即组屋建设中推行大规模的工业化。为了得到适合本土国情的工业化建筑方法，建屋发展局进行了试点，分别和澳大利亚、法国、日本、韩国和新加坡的承包商签订了六份合约（澳大利亚两份），并分别要求采用预制梁板、大型隔板预制、半预制现场现浇墙板和预制浴室及楼梯、大型隔板预制、累积强力法和半预制，共六种不同的建筑系统。这批合同要求建设三房和四房的组屋住宅，总计6.5万套房，并须在6~7年内完成。这些合同的住宅总量很大，约等于新加坡建屋发展局1982—1987年五年新建计划的三成。这些项目的结构分别采用了完全预制系统和半预制系统，广泛使用了预制混凝土构件。由于标准化和重复性程度高，工业化建筑方法的优势终于显现出来。与相似建设规模的传统建设方法相比，这些项目的建设时间从18个月下降到8~14个月。同时，预制构件的大规模使用使得建造成本也比传统建筑方法有优势。

当这几份合约完成后，新加坡对工业化建筑方法进行了及时评估，结合新加坡建筑的具体情况，决定采用预制混凝土构件，如外墙、垃圾槽、楼板及走廊护墙等进行组屋建设，并配合使用机械化模板系统。新加坡的建筑工业化由此开始稳步发展。另外，随着这几个工业化项目的完成，建屋发展局把重点从大规模工业化转向低量灵活的预制加工，大量的本土预制混凝土构件制造商开始出现，预制混凝土构件开始越来越多地运用在建屋发展局的公共项目中。随着预制技术优越性的显现，非政府投资的建设项目也越来越多地采用工业化建筑方法。

1992 年，新加坡建屋发展局就开始进行建筑业的可行性设计，就是在项目的规划设计阶段就对是否达到各项政府要求和标准而打分，如工业化程度、环保水平等。这个办法在公共项目中取得了成功，建筑设计的可行性提高了很多，建筑质量得到提高，工业化建造的现场生产率也进一步提高。考虑到预制化是增加建筑设计可建性的主要方法之一，新加坡建屋发展局于 2001 年规定建筑项目的可建性分值必须达到合格分，建筑规划才有可能审批通过，继续推动预制技术的使用和建筑工业化的发展。建筑设计的可建性分值由结构体系、维护体系和其他可建性特征三部分的分值汇总而得到。如果使用预制浴室、预制厕所，还能加分。每部分的分值由建屋发展局直接给出，总分越高，可建性越强，建筑质量和劳动生产率也越高。

除了以国家土地和国家运作模式为主，新加坡还贡献了"凯德置地"经验。凯德置地是一家由国家主权基金控股的开发企业，1994 年进入中国市场，是中国拥有最多购物中心的外资地产企业，也是较著名的轻资产型开发企业。凯德的发展并非由资本主导推动，而是构建了完整的从自主私募基金到房地产开发再到资金退出的完整开发链条。

凯德置地由新加坡淡马锡控股的百腾置地和发展置地在 2000 年合并而成，原名嘉德集团。在两大地产企业的合并初期，虽然业务已包括房地产开发销售和自持运营租赁两大板块，但是物业租金回报率较低，公司负债相对较高，因而公司调整策略，提出了适应其发展需要的"轻资产模式"。通过募集资金开发项目，再经由出售实体物业和自持物业的经营性收益偿还基金；在商业项目培育成熟后可通过出让权益实现资本套现。这一商业模式使凯德置地拥有三个主要资金来源：管理费及顾问费、持有物业的租金收入、出售资产回收资本。凯德置地"不把鸡蛋放在一个篮子里",抵抗市场变动的能力更强,能保证公司长远发展,也极大启发了很多中国房地产企业。

(六)各国经验启示

各国的房地产都受到如下几种因素的影响:第一,公共和私人土地的关系处理;第二,政府政策推进地产业发展,既为解决社会问题,也为刺激经济,往往两者兼顾;第三,住宅地产是各国地产业的重要领域,因其产品数量巨大,影响民众日常生活,因此工业化程度也最高;第四,住宅开发企业往往负责从拿地到交房的全过程,地产商扮演了分配公共资源、提供公共服务的角色,但因其不断追逐商业利益,金融业大举进入后,地产业常遭人诟病,也更易受到经济波动的影响。

各国建筑的工业化和产业化发展道路不同,各种文献的侧重点也有不同,大致规律如下。

第一,所有国家的建筑工业化,尤其是住宅产业化,都需要国家力量的介入,且常常是深度介入。即使像美国这样以自由市场经济为主导的国家,联邦政府和州政府在用地、金融等方面的扶持和补贴,也起到决定性作用;更别说德国、日本、新加坡这样的国家,在产业发展初期,几乎主要依赖政府的指导和扶持。各国国情和现实条件不同,政府的操作手法也各有侧重,但都需在三方面有所作为:建造体系(下文详述)、金融政策和社会政策。

金融政策解决的是开发机构、购房者或租房者的"用钱"和"如何用钱"的问题,是拓展房屋市场和补充产业发展资金的重要途径。同时,许多国家也没把此类金融操作完全放给私人银行,而是在政府主导或控制的金融机构中完成的,至少在产业建设初期,德国、瑞典、日本、新加坡都如此。建房和购房的资金基本都得通过银行贷款,这是美国开创的一种方法。瑞典的居民储蓄建设合作社（HSB）开创了一种新形式，不仅解决购房资金，还负责材料和产品的标准化工作。与房地产和房屋建设、购买相关的资金运作，绝非设计师和工程师的擅长之处，一旦操作不当，会沉重打击行业的稳定性和可信度，所以为了建筑工业化和产业化的有序发展，这些工作均需要国家的严格管理。

社会政策一般针对的是中低收入阶层，让"居者有其屋"，或租或买，各国的侧重点不同。比如美国更鼓励购买，新加坡倾向于长租。而社会政策的重点也与金融政策和建造体系有关，比如新加坡提供给居民的房屋以三居、四居为主，就要求建设方的房屋建造体系必须以满足此要求为前提。工业化建筑的大发展，都跟本国建筑需求量大增相关，这是建筑工业化和产业化发展的社会基础，而且建筑产业化发展成熟度也与本国制造业和建筑业的发展成熟度相关，毕竟在房屋建造领域，工业化程度必须依赖产业化水平。

第二，工业化房屋的建造体系非常复杂细碎，但一定涉及"标准化"过程。当我们把房屋当作完整的"产品"来对待时，往往会把建成房屋本身的标准化当成必由之路。但发达国家的经验告诉我们，房屋产品的标准化通常不适合市场需求和城市景观的丰富性。因此，建筑构件和配件的标准化及通用性，即所谓"部品化"才是不二法门。当部品化体系基本建设完成后，建筑产品才能因项目差异而千变万化，满足人们的个性化要求和城市景观的丰富性要求。

建筑部品的标准化制度需国家力量来主导推进，但标准的制定和使用不得与产品实践和地方施工经验完全割裂。当具体条件受限或成本不划算时，不宜强制推行全面预制化和工业化。因地制宜、因势利导才是正途，日本和新加坡的经验都证明了这一点。

房屋的生产建造过程涉及多种材料、工艺、工具、机械和特殊技能，因此任何国家的建造业和地产业都是拉动全产业链发展、创造就业和使经济繁荣、科技进步及人民幸福的巨型行业。房屋集成建造企业和配套公司的专业水平高，是房屋品质的最可靠保证，一旦国家和产业实力提升，工业化房屋的出口之路就值得借鉴，瑞典的工业化住宅是极好的例子。

第三，虽然住宅工业化和产业化发展的早期阶段，政府力量作用更大，但当行业愈发成熟后，地产业、金融业逐渐进入产业链中，于是工业化房屋的建造往往被"包裹"在房地产业中一并考虑。而随着建造体系、金融政策和社会政策的愈发复杂，地产业的复杂度和影响力都愈发广泛而深远，金融产品愈发多样。建造过程中的专业分项越来越细，房地产企业中的咨询、经营、管理等智力密集型的轻资产公司，与建筑建造的重资产企业逐渐分离，甚至为建筑施工提供设备租赁、幕墙安装、地基施工等服务的专项公司也越来越多。因此，无论是房地产业还是建筑产业中，集成平台和专项公司都在各自寻找出路，逐渐形成"产业生态群"。这种趋势值得中国地产业和建筑业认真研究，为推进产业科技发展，发达国家的许多做法值得我们学习，比如：购买使用新技术的房屋才能获得购房贷款，推动航天或军事技术的民用化，成立国家级的专门机构进行标准制定、研发新技术，还可跟大学及现有科研机构合作，产学研三方均可从研究成果中获利。

第四，德国非常注重为制造业和建造业培养职业技师和工程师，为行业发展提供源源不断的、高品质的一线工作人员。这是德国住宅工业化的独特经验，也是其他国家并未特别关注的领域，还是我们应该学习的做法。

第五，几乎所有与制造业和建筑工业化、产业化相关的工具软件都是美国公司开发的。目前已平台化了的建筑信息模型系统已在全球各国广泛使用，已站在智能建造、智能制造的门槛上。未来的数字化AI建造领域一定需要这些数字工具、软件工具的支撑。在美国的软件平台上建设我们的智慧城市、智能建筑，实现数字孪生，是否能保证我们的数据安全呢？如果不用美国的，那我们用什么？使用哪种软件，能更方便与中国的数字基建和AI技术联通呢？

第六，无论是地产业还是建造业，还有一个规模问题，因国家规模而导致的差异，既影响消费端使用者，也影响生产端供货方，还影响渠道商和销售方。中国的很多问题都是超大规模的巨系统，这个巨系统既可能涵养科技和商业的无限可能，也的确是产业链初步完善的重大障碍。我们研究发达国家经验时必须时刻关注，他们的经验对我们是否真有启发，在哪些方面、多大程度上能借鉴他们的经验，探索出自己的道路。

二、中国房地产和建造业的经验与启示

（一）房地产业视角

一般认为，1998年是中国房地产业的正式起步时间，因为中国人民银行于1998年5月9日颁布实施了《个人住房贷款管理办法》。这个"办法"能让想买房而财力不足的居民通过按揭进行抵押贷款来买房，因此能有效激活房市。必须承认，自那以后颠簸前行的中国房地产业、房地产企业为改善中国城市风貌和居民生活水平作出了重大贡献。但时至今日，既有的地产模式也似乎走到了尽头，需要打通经脉、探索新模式。

第一，城市开发建设大致分成三种类型：其一，房地产商开发的商品住宅和后来的商业街、养老社区等，这是最为人所熟悉的形式；其二，国家机关、文化事业单位或独立经营的公司企业等，指定自己的基建部门通过招标、委托等途径，找来设计单位和施工企业来完成建筑设计、建造或改造项目；其三，由各地政府主导或参与成立的"城投公司"来进行商业化的地产运作，改造老街区或开发新城区。今天我们看到的各城市风貌大为改观，其实是这三种开发模式共同作用的结果。不过这三种开发模式对设计单位和建设单位来说，专业操作流程的差异不大。

第二，国家开放房地产市场的最初目的是解决城市居民的住房难题，后来成为大规模城市改造与建设的市场化建设方式。《中国房地产》杂志的论文主题和研讨会内容集中说明了这一点[1]。民国时期的地产业算不得健康完整的地产市场，有着浓厚的半殖民地色彩[2]，新中国成立后的很长时间里并没有房地产业。改革开放初期，国家就试图通过打破计划经济的住宅供应模式，用市场力量改善城市居民的居住条件。经过一段时间的探索，直到1998年才正式开放房地产市场。房地产市场的开放，不仅改善了城市居民的生活条件，还拉动了装修行业、家电家具产业的快速发展。这个经验极大地鼓舞了各相关行业从业者，也与日本"住宅产业"的发展逻辑完全一致。在中国智慧城市、智慧生活的打造过程中，房地产业不能缺席，但房地产企业如何创新才能让各行业协同发展，是摆在中国政府和众多从业者、研究者面前的大课题。

第三，一些头部房地产企业为了提高产品质量、降低成本、控

---

[1] 《〈中国房地产〉大事记（1980—2020年）》，《中国房地产》2020年第10期，第32–57页。
[2] 寒江雪：《打开中国房地产业历史长卷》，《中外房地产导报》2001年第22期，第22–24页。

制流程，进行了许多设计规划和装配式住宅技术的探索。比较有代表性的公司有万科地产，其公司内部已有较成熟完整的住宅产品操作流程和管理标准。从拿地、设计、采购到建造的一系列业务都被视为完整的流水线，每个阶段的工作都有明确的操作流程和管理标准，只有这样才能更好地完成产品标准要求。如今，标准住宅的四个版本基本成形，已有超过 12 个部品实现了工厂化的生产装配，在住宅性能标准方面的创新超过 60 项。2001 年 3 月起，万科出台了《材料设备采购规定》，实行集团统一采购的新模式，并引入了"战略供应商"概念①。

　　第四，为了寻求企业发展，不少房地产公司也在寻找新出路。他们的多业态探索值得嘉许：从住宅地产向商业、养老、物业管理、铺面经营等领域的拓展，非常值得研究。因其涉及的人员行业众多，甚至可以成为中国城市发展史的碎片化记录，折射出时代风貌。也有公司试图把咨询、管理、融资等智力密集型的轻资产工作，与传统的规划、设计、建造一体化的重资产的工作剥离开。他们的这些尝试往往被当作商业热点来讨论，却鲜少与发达国家的房地产发展历程相比照，意识到房地产商亦有符合商业逻辑和社会发展逻辑的一面，从而让更多人参与寻求中国新型房地产生态群建设的新出路。当房地产业的专业团队逐渐细化、深化，逐渐独立，既可单打独斗、又能合作共进，在与金融业、制造业和建造业有良性互动时，才能真正打造出适合中国国情的、符合"万维社群"模式和智慧城市要求的中国新型房地产生态群。

---

　　① 毛蓉蓉：《中国房地产企业标杆——万科的品牌建设战略》，《上海交通大学学报》2007 年第 S1 期，第 152–155 页。

第五，中国原有房地产模式的发展后劲堪忧，不仅缘于市场变化或政策调整，而在于一些更深层次的因素。比如"巨无霸"式的房地产开发模式不利于乡村建设或城市老旧小区改造，无法应对小规模、灵活性、个性化的市场需求，而且涉及资金量大，回报周期长，还可能引发其他经济问题。这完全不是建造业和建造技术的问题，甚至也不全是地产商的问题，而是现有地产模式要求的成本计算和运营方式所致。现有地产逻辑的最理性选择就是"推倒重来"，面对老旧街区和乡村建设也一样，而这种做法的经济成本、社会成本都太高，运作周期又很长，难免引发居民不满。更何况，这种做法对于那些已有住房、想改善生活环境、住在大房子或更好区位的家庭来说，也是贡献寥寥。

（二）建造业视角

发达国家的经验说明：国家级的建筑工业化过程，绝非建筑生产和管理部门能独立完成的。在中国房地产业大发展的二三十年间，我们的建筑工业化一直未真正完成，也说明中国建筑工业化绝非建设部或住房和城乡建设部（住建部）单一部门能独立完成的。虽然我们不能说住建部所有工作都毫无瑕疵，但无论他们多努力，都只能"向内用力"，就是在建筑行业内想办法、搞科研、做评审、推成果，却对与建筑工业化相关的金融体系和社会服务等方面的工作难有影响，甚至对紧密相关的专业领域，如城市规划、室内设计行业的整合度都有欠缺。最终结果是，所有设计建造行业都知道中国发展建筑工业化的必要性，却只能遵循既有逻辑来工作，无法整合资源，难以形成合力，甚至还会互相掣肘，加大内耗。

世界上没有任何国家在发展建筑工业化之初，即像中国这样拥有全面而成熟的制造业和建造业基础，从规划设计到施工组织、建造工具，再到材料配货、物流运输、工业生产等领域，都已达到相当高的水平，远远超越发达国家。但或许越是在某些领域上取得成功，越容易被"一叶障目"。行业专家和社会公众都没意识到，建筑工业化的本质并不仅是建筑技术的工业化或数字化，而在于把全产业链整合成若干条流水线，每位从业者、每家公司企业，都必须按照流水线逻辑安排工作；所有轻资产或重资产企业，所有智力密集型或劳动密集型的工作，都在一个产业级别，甚至国家级的庞大深广而精确细密的产业链网络上工作。若过于强调各行业领域的特殊性，每个专业都在自己的既有轨道上深入，越是在这个领域上加强管理、认真评审，就愈发强调本专业的特点，事实上往往加大了与其他专业的隔阂，无法与其他专业有效沟通协作，反而不利于产业链网络的建设完善。典型的例子就是建筑设计与室内设计的分离。

第一，二者的服务对象不同。前者直接服务于地产商，后者直接服务于每位房主、住户或租户；政府或企事业单位的项目算是例外，投资者和使用者基本一致，但因为公司部门负责人或公务员的任免升迁等原因，在长时间建设过程中，项目不同阶段的直接决策人也常有变化，因此项目的具体目标、功能要求和艺术偏好等也常不同。

第二，二者进入项目的阶段不同。从拿地、申报、审批阶段起，建筑设计师就参与工作了；而室内设计师进入时，一般建筑的结构封顶已经完成。两种设计师对项目的关注点和作用范围明显不同。

第三，直到进入室内设计阶段，每类或每间房屋使用者的使用习惯和细节要求才被深入讨论。一旦重要空间必须进行结构或管线改造时，必然造成人工、工期、物料和经费上的浪费，甚至可能引发安全隐患。若经过论证发现无法调整或调整不到位，所有人都会把不满泼向建筑师和室内设计师，觉得因设计师无能才解决不了问题。反正几乎所有大项目，鲜少有各方人士都较满意的情况，心力交瘁者比比皆是。行业操作的结构性错位才是导致互相埋怨的根本原因。

第四，每一次所谓的加强管理都是在既有体系上"加码"，对设计、施工的每个阶段都加强管理，就进一步加深各专业和各工作阶段间的隔绝，把设计整合、施工整合、材料集成的可能性掐断。最终结果是，我们用着各种高精尖的机械工具和设计软件，却按照"手工业时代"走一步看一步、缺乏全局观念的工作方法来工作。

第五，更有意思的是，各类专业院校的大学教育（尤其工科类或美术类）还在加深这种隔绝。甚至大学中的各种科研工作，也很难达到真正的跨学科合作，大学的教学和科研评估通常不支持跨学科研究，既难以找到有公信力的评审团队，也搞不清楚科研的出资方和成果归属方，甚至两个或多个院系完全可能因摆不平成果归属而让有价值的跨学科研究"胎死腹中"。

因为大多数从业者和决策者从实务到教育，甚至观念上都被锚定在现有产业结构上。面对具体开发建设项目时，在不断"加强管理"的背景下，更是被进一步绑定在现有体系上。当房地产飙起时，房价的主要构成是地价、建造成本和各种税费。这样一来，在影响房价的所有因素中，只有建造成本可以被不断压低。因此，很多有效的工业化建筑技术和管理的探索都无容身之处。必须承认，在这种市场环境中，许多设计院和建筑企业在装配式建造技术上的探索（见专栏3.6、专栏3.7）都非常值得尊重。

专栏3.6 远大住工的"活楼"

远大住工是装配式建筑行业的领军企业。公司的"活楼"项目利用先进技术和全流程数字信息化体系，实现了建筑工业化和信息化管理，满足了提高建筑效率，减少环境污染和建筑废料的装配率标准。

远大住工在技术创新、人才培养、质量监管及产业链整合方面的积极探索，不仅提升了企业自身的竞争力，也为行业的可持续发展提供了有力支撑。

资料来源：作者根据相关资料整理。

专栏3.7 上海中心大厦的 BIM 应用

上海中心大厦是中国超高层建筑的代表，其设计和建造过程中广泛采用了 BIM 技术。BIM 的应用不仅提高了设计阶段的精确性，还优化了施工过程，实现了多专业团队之间的高效协同。通过 BIM 平台，项目团队能在虚拟环境中模拟施工、预测潜在问题，有效减少了施工中的错误和返工，节约了时间和成本。此外，BIM 技术还为后续的建筑运营管理提供了详细的数据支持。

资料来源：作者根据相关资料整理。

其实以今天中国的工业生产水平，建筑业所用的工业产品都有自己的产品标准，有些标准水平还远超行业常规。所以真正的问题并不在产品质量上，而在于各种部件的规格和连接方式上，即"通配性"。

换句话说，住建部是工业和信息化部（工信部）的大买家，产品质量可遵循工信部要求；但连接方式、安装流程却是住建部的管理范围。当行业的整体化、集成化程度不足时，会不利于各种部件规格和连接方式的标准化设计和生产。

因此，为保证我国工业化建筑部品和构件的可靠性、安全性和可持续性，还有大量工作要做。BIM体系的引入，让设计师、工程师和施工技术人员的工作流程、工作习惯都必须按照软件平台的要求而调整，其对行业既有工作习惯的冲击，也是行业内部技术革新的要求，还可能涉及岗位变动和行业重组等社会问题。

（三）"新型地产"模式正在形成

事情总在变化，行业中不乏先行先试者，近期新闻中的两件事，或许是探索中国特色的"新型地产生态群"的有效开端：其一是北京西城区的一栋老旧住宅楼的改造，其二是浙江丽水的"一户建"。

1. 北京西城区桦皮厂胡同8号楼

老旧房屋改造时，产权关系、改造成本、施工技术是三大难题，而且这三大难题还环环相扣，任何一环走不通都能让项目难以为继。而且，这三大难题还与每家住户的利益息息相关，必须让每个住户都能接受才行，工作压力和阻力可想而知。针对"桦8危改项目"，根据媒体公开的信息，我们可深入分析。

第一，关于政府在确定房屋的产权归属和每户支付费用细节方面，公开媒体中着墨有限，可能因为此事涉及民众隐私，必须谨慎。不过从新闻稿的字里行间，还是能大致能推测出几件事：首先，每户须支付住宅楼的拆改建费用，可能还有周转房的租金；当然因为改造项目的特殊性，价格应该很厚道了。其次，改造后的房屋由原来的公房统一登记为"经济适用房"，无论原来的公房是否已购买，或本次改造后多出来的面积，政府都想办法通过补齐差价的办法给一次性找平了。就是说这些房屋未来如果想居住或转售，住户根据现有政策规章操作即可，解决了民众后顾之忧。这种做法既照顾了房屋属性的历史成因，也为房屋住户的长久居住和产权转让留有余地。

第二，此类项目最好"增量改建"，就是说每户改造后的使用面积得超过原来的面积，否则就会有人拒绝配合。同时，若能尽量保持原有户型，则最易达成多方协议，项目干扰性最低。这样一来，几乎所有问题都压在建造企业身上了。原拆原建的房屋，建成后的占地面积不能扩大，每户使用面积又不得减少，因此房屋建造肯定不能采用类似日本的 KIS 体系，因为设备管线等占用空间太多。工程师和生产制造企业一定想了很多办法，要对墙体、交通空间和设备管线进行精打细算才能完成；而且，还必须得提升建筑的舒适度、安全性和保温隔热能力。项目最终采用的是预制模块再现场吊装的方式，就本项目的具体条件，这可能是最优选择了。

第三，不过，这种搭积木式的建造方式多少有些遗憾，不是针对旧房改造及这个项目，而是针对建筑工业化和产业化。户型不同的混凝土预制模块的生产和建造成本，肯定比大规模的部品化建造体系的成本要高，未来中国各地的大规模老房改造，可能应以后者为主。老房改造或可由一幢房屋的原拆原建，改为同一片区老房的原拆原建，这就让建造商的腾挪空间更大，也利于结构体系和设备体系的不断更新。只要对改造后的新楼区有高度、层数和容积率等方面的严格要求，即可闯出一条路，能更快、更大量地解决老旧小区改造难题。当然，即使在未来的新型改造建设体系中，"桦8危改项目"在房屋产权方面的探索，仍显得尤为珍贵（见专栏3.8）。

专栏3.8　北京西城区桦皮厂胡同8号楼"原拆原建"

"桦8危改项目"是依据2020年6月北京市住房和城乡建设委员会、市规划和自然资源委员会、市发展和改革委员会、市财政局联合印发的《关于开展危旧楼房改建试点工作的意见》(以下简称《危改试点意见》),确定的西城区首个通过拆除重建方式进行改造的危旧楼改建试点项目,也是全市首个整楼居民均为产权主体的试点项目。因为没有现成经验,"桦8危改项目"成立了由西城区住建委牵头的工作专班,勇敢探索,愣是蹚出一条新路来。

住宅楼最初是公房,不过有部分住户已经购买了公房而成为私有住房,这当然增加了房屋属性的复杂度。规自分局创新性地提出"产权主体不变、实施主体代建""先注销后首次、一户一首次"的总体办理思路。按照《危改试点意见》相关要求,单套住房包括改造后的新增建设面积在内,房屋性质统一登记为"按照经济适用房产权管理"。其中,原住房已转为商品房、已购公房的部分,在办理不动产权登记时进行注记,上市转让时商品房部分无须缴纳地价款,新增面积部分应缴纳。

针对"桦8危改项目"开工前各项手续办理,各相关机构也创新性地采用了并联模式,简化审批前置条件。

北京市规划和自然资源委员会西城分局以"告知承诺制"即时核发该项目的建设工程规划许可,仅用时22天就完成了从用地划拨到建设工程规划许可的手续办理。西城区住建委主要领导挂帅协调,在特殊时期远程在线开标,用最短时限完成项目招标；与项目实施主体沟通并予以指导，精准服务，对施工许可申报资料实行即报即收，当日完成施工许可审批。

中建海龙科技作为本项目承建方，采用了公司原创研发的混凝土模块化建造技术（CMiC），根据功能分区将房屋划分为若干模块，每个模块单元内的结构、机电、给排水暖通和装饰装修等大部分工序在工厂进行高标准的工业化预制，最后运送到施工现场装嵌起来、形成完整建筑。这种施工方法大幅缩短了建造周期，居民从迁出到精装交付、搬回入住，仅三个月左右，减少了异地安置对居民生活的影响。同时，通过优化户型设计、完善建筑功能，还提升了用户的居住体验，增强群众获得感、幸福感和安全感。

据了解，通过采用混凝土模块化建造技术，项目90%以上工序由产业工人在工厂完成，现场工作量显著降低，施工人数大幅减少，相较传统建造方式减少75%建筑垃圾，减少25%材料浪费。同时通过应用绿色建造技术、采用环保设备材料，全程控制噪声、扬尘、光污染，还有效降低了施工过程对周边居民的影响，实现了资源节约、低碳减排、环境友好的目标，践行了"双碳"及北京减量发展理念。

资料来源：中国房地产报，政府和居民共同出资，原地搬新家北京西城首个危旧楼改建项目交付［EB/OL］（2024-5-30）.http://www.thepaper,cnhews Detail_forward_27560392。

2. 浙江丽水"一户建"

浙江丽水的"一户建"看上去像日本的"一户建"模式，但仔细分析会发现，丽水的探索可能更巧妙（见专栏 3.9）。

第一，从公开信息看，这是个新建项目，所以房屋产权关系比较清晰。丽水自然资源和规划局给出的购买方式也比较方便、优惠，非常尊重潜在客户的意愿。

第二，推测项目应该也对建筑的高度和总面积有一定约束，但新闻中并未详细提及。

第三，真正让人不太确定的是，买地的人如何能找到可靠的、有资质的设计和施工单位。更何况，一般人或小公司也缺乏足够的能力、时间来跟进项目全程，更无法落实各种验收和安全检查。

只有比较成熟的工业化生产的房屋产品，才能适合此类项目，随着类似项目的推进，还能进一步升级到智能建造体系。到时候，只要业主购买了土地（长期使用权），找到生产企业，确定好自己想要房屋的外部造型和内部分隔，以及各种智慧生活的功能细节，过一段时间即可住进为自己量身定做的新房子中。

目前中国各地的别墅或小住宅的产品化体系尚不成熟，这是否会让此项目难以推展呢？有意思的一点即在于此。能够在此地购买（或叫长租）土地来建房者，应属富裕群体，能合理合法地找到一块地，按照自己的想法来建房子，可能是许多人的终生梦想。即使目前的房屋建造体系尚不完善，但浙江出色的制造业基础、开放的商业环境，都能让本省资源为这个项目和购房者提供良好支撑。

反过来说，本地政府可能还想通过这个项目吸引有梦想、有能力的住宅建设投资人，就建设投资来说，每户成本都不高，但能撬动本地探索新型地产模式，整合工业化房屋建设体系，如果真如此，那么这个项目的价值恐怕就远远超越房屋建造本身了。

近期，浙江省丽水市莲都区碧湖新城一处占地 16 亩的低密度住宅项目引起广泛关注，该项目拟通过出让方式，并支持"定制化"设计方案，现正面向社会广泛征集意向。

据丽水市新闻传媒中心官方认证的微信公众号"丽水人居"发布的信息，该地块允许业主购买并自建房屋。丽水市自然资源和规划局进一步细化了该项目的土地购买、出让流程和建设方式。购买方式上，既可以由单一业主独立购置地块进行建设，也能由多个业主合作竞拍同一地块，各自建造并取得产权证书。确保每套房屋都拥有独立产权，便于后期通过二手房市场进行转让。

出让流程上，首先由自然资源部门在交易服务平台上发布地块的预申请信息，意向业主须登录查看并提交预申请和保证金，之后进入正式报名和竞拍环节。

建设方式上，业主可根据自身需求"量身定制"，可以选择保留原有两户布局进行"拼户建设"，也可以选择合并两户为一户进行个性化设计与施工。同时，项目大力支持业主自行设计或组团设计、开发建设，致力于构建田园社区、亲朋社区、家族社区等多元化新型社区形态。

资料来源：澎湃新闻.丽水拟出让微小宅地：个人可独立或联合建房，建成后可办产证可出售［EB/OL］（2024-4-26）. https://www.thepaper.cn/newsDetail_forward_27174533。

三、"万维社群"需要"土地与房屋分离"

（一）房屋价格组成

既然在"万维社群"时代，许多人能追逐梦想而居，过上"游牧生活"，城市规划思路和房屋生产建造体系，将随之发生重大变化。人们深知在计算房屋的总体价格时，地价的计算和房屋建造成本的计算其实是两回事，分别遵循不同逻辑和原则来运行。长远看来，土地价格与本地发展情况有关，可能增长、也可能降低；但房屋建造的价格，建造时受市场供需影响，成本也有变化；但只要建成后房屋产品就一直在贬值，跟冰箱和汽车一样。虽然今天中国人所谓"大产权"的商品住宅有七十年使用权，而且房屋的设计建造必须满足七十至一百年的安全稳定使用要求，但在真实生活中，很多房子一旦使用了四十年，甚至不到四十年，就不得不大修或加固了，至少其设备老化和户型老旧已经越来越不适合人们的生活需求了。所以即使大产权住宅，也未必像房本上写的那样，能稳定地使用那么长久。

如果我们能有效使用一个居住空间七十年，那么为什么我们不能每二三十年就更新一下房屋呢，大概相当于重新装修一次。既然土地价格与房屋建造价格的来源不同、变动逻辑不同，那么二者为何不能分开计算呢？

商品房价格构成极复杂，不同地区、不同时段的房价构成多少有些不同。从经济学视角看，商品房价格主要由建设成本和开发商利润两部分构成。商品房建设成本是房地产开发经营中所耗费的物化劳动和活劳动，开发商利润则是房地产开发商所能获得的收益（见表3-1）。

表 3-1　房地产价格构成表 [①]

房地产价格构成	建设成本	土地取得成本
		开发建设成本
		银行利息
		销售税费
	利润	主要由房地产市场结构及 房地产市场的供求关系决定

从建造商和购房者的视角看，土地取得和建造过程中涉及的各种利息和税费并不相同。为更明确地说明居民购房的房价构成和设计师的工作领域，表 3-1 的内容也可用表 3-2 表示。

表 3-2 的编写遵循如下几个原则：首先，按照房地产开发的基本工作流程，把土地获得的费用，与房屋的设计及建造费用分开；这样便于研究房屋售价中不同阶段的取费原因。其次，从表中可见，各种艺术设计人员只参与房屋建造和室内设计的不同阶段，设计师的工作时段、服务对象和影响范围都不同。最后，购房者一方面有权了解自己花费的购房款分别支付了哪些费用，由此判断这些价格是否值得；另一方面，装修费用虽基本不计入地产商的开发成本，却是购房者的真实支出，也应被计入房地产业的总盘子中，更是影响购房者意愿、居住者生活幸福感的重要因素。

表 3-2　居民购房居住价格构成表

居民购房使用 价格构成	用地成本	土地取得成本	—
		银行利息	
		相关税费	

[①] 戴双兴：《构建政府主导型土地储备模式》，福建师范大学博士学位论文，2008 年 4 月，第 100 页。

续表

居民购房使用价格构成	建造成本	建筑设计与建造	室内设计与施工
		景观设计与施工	
		银行利息	家庭装修 + 贷款利息
	房屋销售	销售成本（售楼处建筑设计 + 视觉传达设计 + 信息设计 + 商业摄影等）	购房款
		销售税费	购房税费 + 贷款利息
	利润	主要由房地产市场结构及房地产市场的供求关系决定	—

资料来源：作者根据相关资料整理。

在房地产业中，设计师能有作为的地方，大致包括以下四个。

第一，建筑设计院中的建筑师直接负责项目的场地规划和建筑设计；对设计院和建筑师的资质等级等都有要求，等级越高能设计的建筑项目种类越多，面积越大，难度就越高；也可以反过来说，越是重大项目，真正能参与设计的建筑师和设计院的数量反而越少；有时候，为了争取有才华的年轻人，或者只是为了分摊业绩指标，也有私营设计公司挂靠大设计院的情况，只是这也常引发经济纠纷和设计安全方面的龃龉。

第二，因为购房者对建筑内外环境的要求越来越高，最近十年间，各种地产项目，特别是大型项目中的景观设计水平和施工水平也越来越高，景观设计师可一展长才；对于景观设计公司通常没有太多资质要求，但为了人工成本和工作方便考虑，建筑设计院和室内设计公司，都可能设有景观设计部门；无论如何，建筑设计和景观设计的直接服务对象都是房地产商，而非每位住户或使用者。

第三，室内设计不同，从设计到施工，付费者就是房屋所有者或使用者，住宅地产、办公地产，甚至商业地产都如此；任何实体空间的建设到了室内设计这一阶段，很多硬质结构和管线敷设都已完成，室内设计师的施展空间确实有限，若按照甲方使用要求，某些结构或管线的确需要改造，肯定会增加成本和延长工期，甚至可能带来安全隐患，使用者自然心生不满，一旦发生此类纠纷，一定会影响购房者的感受。

第四，在地产销售阶段，售楼处的设计建造，平面媒体和电脑、手机上的广告设计，甚至公路两侧的霓虹灯和广告牌等等，都是视觉传达、信息设计和商业摄影等专业设计师施展才能的舞台。

在真实项目中，这四拨设计师几乎各干各的，进入项目的时间段、付费方、对接部门都不同。设计师群体自己也没意识到，中国的工业化房屋建设或房屋建造产业化的发展，需要设计师群体的共同努力。当然比较起来，打通建筑师和室内设计师的界限，最为迫切。二者协同工作，是中国人居住生活品质提升的最直接保证。

当我们认为各种艺术设计专业、工程设计专业和不同生产施工领域应统筹工作时，就会发现，各种专业机构的学科划分、管理评价和专业人员的职级晋升，都不支持跨专业团队的全面合作。而在此体系上发展出来的中国地产业及其工作流程，更在强化这种隔绝。

地产商的经营逻辑是先占地块，努力做好智力和物质投入，让单位面积地价上涨，这样才能卖出好价钱。而工业化房屋生产的初始投资必然增加，甚至因技术流程不熟悉，工期也不好控制，日本、新加坡的经验都说明了这一点。所以仅从经济角度看，地产商很难乐于投身工业化建造体系的研发。更何况，即使有研发成果，并成为企业标准，也很难在行业内广泛推广。现行的房地产开发方式，恰恰成为工业化房屋体系研发和建设的障碍。地产商并没有责任也没能力改变现状，无论是私营地产商还是城投公司都做不到。能够超越地产商和建设企业的，只能是国家级机构组织，这个机构组织能优先制定工业化房屋的体系标准，推动设计建造单位的跨专业研发，约束地产商的开发模式。

或许在 21 世纪的第一个十年内做这件事是最适当的时段：当时的地产市场成长很快，各地产企业颇有朝气且并未像后来那样高速成长、难以撼动；建筑设计和室内设计公司都在进行业务扩张，有足够的人员和资金能投入新型设计体系的研发；建筑和室内施工企业也在不断打磨自己的技术和管理能力，力求更具市场竞争力；研究型大学建设热潮正盛，也渴望通过跨学科研究来丰富课堂教学内容，增加科研的实用性和含金量；中国制造业正快速整合、大步前行，若当时的政策得当、操作得宜，将能迅速整合各项资源和人力物力，为有中国特色的工业化房屋生产体系打好基础。

但时至今日，房地产业已成长为巨大的"八爪章鱼"，越来越远离房屋设计建造；建筑设计和施工企业对工业化的研究越来越深入，也越来越割裂；房地产市场的观望态度和低迷的市场背景；设计院陷入困境；大学院系不断砍掉相关专业。

目前的行业态势的确不是"增量改革"的好时期，但或许背水一战，也能别有生机。打破现有结构可能是改革的唯一出路。把土地价格和建造成本分开处理，或许是唯一可行的办法。

（二）土地使用与城乡空间

1. 美国经验再认识

在现有地产价格构成中，土地价格是影响房屋价格的重要因素，可能还是最重要的。如果某地块上有复杂的经济关系和人口问题，哪怕只是为了减少麻烦，也不会是合适的开发地段。为更好地分析中国的问题，我们可以先参考一下美国的经验。美国也是国土广阔、人口较多的国家。更重要的是，美国的土地私有制，以市场效率最大化为导向的土地使用制度，使得美国地产业的发展一直被土地价格所驱使，不断扩张、侵占乡村，形成所谓"广亩城市"，这对于我们研究地价驱动的城乡形态而言是一个研究样本。

美国建国之初，从殖民者手中获得了大片土地。全国绝大部分土地由联邦政府和州政府拥有，私有化的程度很低。此后为了开发土地，甚至有效占领印第安人的土地，政府花了很多的时间和精力推动土地私有化。

政府土地主要通过协议、拍卖或国会固定价等大宗出售方式进入私人投资者手中。但由于这些土地价格昂贵，许多边疆移民无力承受，于是他们于 19 世纪中叶进行了暴动，所谓"免费土地运动"。这场政治运动的结果是国会于 1862 年通过了决议"家园行动"：规定还没有获得足够土地的移民家庭只要在土地上生活和耕作五年，每人即可获得 160 英亩土地。通过此计划政府共发放了约 3 亿英亩公共土地给私人业主。

此后，"完全所有权制度"的建立使个人拥有了完全的财产权利，个人可通过出售、出租、交易等进行土地权利的转移，于是房地产市场开始产生并兴旺。移民的不断涌入、土地需求猛增、土地价格快速上涨，导致了疯狂的土地投机活动。由于当时的现金流非常不稳定，交易数量和价格波动极大，于是投机的兴盛和衰败周期不断循环重复。

荷兰土地公司是早期房地产开发公司中很成功的一个，由荷兰的金融家和投资者组成。最初公司的运作模式是在购得大块土地后将其分割，再批量出租给投资者。但随后的金融恐慌使房地产市场严重低迷，于是公司调整战略，参与长期的增值投资开发业务，开始了美国早期的社区建设。

此后，荷兰土地公司在出售土地时，会提供足够的基础设施和服务，改善当地交通状况，从而保持商业、工业和永久居住的经济可行性。公司聘请有经验的土地测量师实施长期综合开发和土地零售计划，在新开发交通线上的战略要点建设市镇，并参与大量活动促进城镇人口增长和移民；与此同时，积极引进配套的商业设施以及食品加工厂、面粉厂、木具厂等与居民生活密切相关的厂商，还规划了学校、教堂和公共广场等用地。可见，美国的房产开发商在此时已经开始城市化运营了。

19世纪后半叶，工业化浪潮席卷美国。都市吸引着国内外大量移民进入工厂、商店和办公楼中工作。城市人口剧增，城市迅速扩大，开始变得拥挤。公共部门和私营部门在交通、公共事业、基础设施和城市服务方面作了很多技术和组织上的改进，并鼓励"工业"和"居住"离开拥挤的市区。

人们远离城市中心，为中心商务区的发展留出了空间。银行、保险公司、公司总部、出版商、政府、专业部门、普通或专业零售商和批发商、旅馆、文化活动等集聚在中心商务区，主要铁路和有轨电车也在中心商务区集散。同时，因城市中心地价上涨，"工业区"和"居住区"也无法在城市中心长期存在，城市格局逐渐改变。富人公寓和廉租房位于距市中心最近的社区，连体住宅则位于较远的郊区。

19世纪80年代，实用化电梯让摩天大楼成为现实。各大公司为了在有限的占地面积上获得更多的使用和出租空间，也为了显示公司实力，在楼顶安放广告、办公楼需求十分旺盛。各种摩天大楼如雨后春笋般拔地而起，城市中心区人口数量暴增。与此同时，有多层大型旅馆也日益成为城市中心的特征，吸引了大量以会议和社交为目的的商业客户及旅游休闲者。配套服务设施齐全的公寓、大量供零售贸易使用的多层物业（即后来的百货商店）也相继出现，城市面貌被彻底改变。

1930 年前后的经济大萧条使大多数中心城市的发展停滞，到 20 世纪 50 年代中期，美国的很多城市都近 30 年没建过一幢写字楼了；铁路、工厂、大商店都纷纷关闭。很多市区商业、房地产和市民团体提出了补救措施即"城市更新"，主要目标是对城市中心的贫民窟和落后地区进行重组改造，清理破旧的和未充分利用的商业和工业建筑，让贫苦居民和少数民族居民搬迁，拆除其房屋并建设崭新的办公大楼、会议中心、饭店、大型购物中心和豪华住宅。

第二次世界大战期间，美国政府倡导的郊区化生活快速发展。政府大规模修建高速公路网，对郊区实行低税率政策，加上私家车拥有量的剧增，郊区化的进程大大加快。伴随着大量人口迁往郊区，许多制造业和零售业也从中心城向外迁移，郊区改变了起初的"卧城"角色，同样可为人们提供就业、购物和娱乐机会，使郊区居民对中心城市的依赖性大大减少。1950 年之后，美国经济再次好转，三分之二的新建房屋在迅速扩张的郊区中落成，很多中心城市的人口开始减少。20 世纪 70 年代之后，信息技术迅猛发展，空间因素对人类活动的限制大为减弱，这为人们在远离城市中心的郊区居住与就业提供了更多可能性。

不过，郊区化也存在着许多弊端，如过长的通勤距离耗费了大量时间和精力，严重影响了人们的生活质量；对汽车的严重依赖使许多不能开车的人（如老人和小孩）反而感到生活受限；郊区化的蔓延和燃油车的使用，污染了空气，使乡村特色消失；美国的郊区化模式以严格的功能分区和房屋价格分层为基础，进一步加剧了社会阶层的分化与隔离；人与人之间的距离感被不断强化，被规划出来的公共活动空间和商业服务设施中，无法完全满足亲人朋友间的情感需求，加深了人们的孤独感，使人们难以获得起初所向往的郊区生活的安定感和归属感。

新城市主义是作为一种以再造城市社区活力的设计理论和社会思潮，于20世纪80年代末期在美国兴起的。其基本理念是从传统的城市规划设计思想中发掘灵感，并与现代生活的各种要素相结合，重构一个被人们所钟爱的、具有地方特色和文化气息的紧凑型邻里社区，来取代缺乏吸引力的郊区模式。

从美国城乡房地产业发展的大致脉络，可以发现如下三个特点。

第一，美国的地产业还真是"地产业"，得先有"土地"分配和交易，再根据时代变化而考虑在"土地"上干什么能获利。总体说来，美国还是地广人稀，又是一代代移民逐渐填充才达到目前的3亿人口，他们的这种土地获取和分配方式自与其国情相匹配，显然不适合人口稠密的中国，尤其不适合经济发达地区。

中国房地产也是名不虚传，因为我们的"房地产"还真是以建"房子"为目标的，只是早期都是居住用的"房子"，后来才有了商业用房和生产厂房等。这也说明，我们的房地产业虽然也有各种征地政策和操作，但都不是以土地的占有和分配为起点的；而且房地产开发过程中变更土地用途，还是个很大的麻烦事。对中国"房地产"和"地产"的比较，也从另一个侧面说明，土地和房子是两件事。

第二，因为社会经济和技术发展阶段不同，能与大城市中心高地价区域相匹配的业态也会不断变化。在美国的土地利用逻辑中，经济收入水平与居住区离市中心的远近关系，并不那么直接，富人区和贫民区都可能距离市中心很近。富人有钱买地盖房子，穷人住的旧房拆除成本高。地价较低、房屋舒适、性价比高才是大多数美国中产阶级在郊区购买独栋房屋的原因。

中国城乡的房屋布局当然也受地价影响，但又不完全如此。旧房改造、提高老城区民众生活品质，一直是政府关心和城市发展的重要内容，甚至可能是未来20年内中国房地产业发展的最重要领域之一。地价要素只是决定城乡景观风貌的主要因素之一，却未必是最重要的。如何能应对地价差异，让地价引领城乡发展却不受制于此，是政府、民间机构和科研院所的大课题。

第三，随着经济、科技发展，城乡规划建设的变化，美国的规划建设理论和社会学理论也一直在城市和乡村中摆荡。对资本主宰一切的制度愈发不信任，对恢复邻里交往、亲情关爱的渴望，几乎是美国社会学和城市发展领域的一条重要线索，呈现出与美国城乡物质景观完全不同的风貌。

2. 中国老旧城区和乡村改造

关于中国城乡土地属性及如何开发使用、如何保护山林耕地，国家先后出台了各种法律规范，本书不再赘述。本书的观点是：在新的技术条件下，在"万维社群"时代，我们对城乡土地的开发使用，只要不涉及农田、山林、水利保护等，可用于开发建设的，应尽量打破行政边界而整体化考虑，各种地区、业态、所有权属等的差异，尽量用市场手段来协调解决。当涉及社会公平或影响地区产业布局时，地方政府应尽量用经济政策或准入标准来加以引导。

前文已述，既然房地产业中"土地"和"房屋"分属不同行业，计价方式和发展逻辑不同，而美国的"地产业"和中国的"房地产业"发展的目标、动力也各有不同,那么如果我们把"土地"和"房屋"分开处理,是否能有助于解决我们城乡的各种老旧街区改造难题呢?

(1)本地产业发达地区

假设地区产业发达,可用政策引导和经济激励机制,引导部分老城区的人们搬迁到地价相对较低的、邻近快速发展的产业区地段,搬迁民众的住房条件可有大幅提升,比如居住面积变大、设备设施更先进、周边服务更完善,当然还得有符合"万维社群"模式要求的全套医疗、教育资源和良好的通勤条件。其实即使在现有拆迁、搬迁过程中,真正让人难以接受的主因也是新建城区周边配套不发达、不方便,只有按"万维社群"原则开发建设的社区,才更贴近民众要求。开发建设不仅是盖新房子,还得有大量公共服务适配。关于这一点,政府规划和房地产开发,已经愈发关注了。

不愿搬迁的民众或子女搬走而自己不愿离开的老人们,可在原地段集中翻建新房,但新房子的每套面积有限。新房改造中的房屋产权属性可参照专栏3.1。不过城区中新建住宅的周边配套设施也须符合"万维社群"要求。为引导中青年群体的迁出,老城区的教育资源可相对减弱(如高中以上的学校尽量迁入新区),但医疗养老资源应相对丰富。其他空出来的地段即可进行功能重组,把周边的成熟业态有序引入新规划改造的老城区内,恢复其活力。

老城区中的居住区可分拆或合并,但应在人口密度、楼高层数等方面有限定,以便提升民众生活的舒适性和安全性。老城区中不仅房屋老旧、住宅面积较小,还有空间限制,比如停车位不足、绿地公园面积有限等。在"万维社群"模式中,老旧城区改造后的住宅楼底部,应为各种交通工具的停放、充电和取送快递的车辆留出空间(详见第二章）。老城区中的"口袋公园"将星星点点地布局在城中，还可与新建房屋的屋顶绿化结合考虑，这或许是中国老城区改造后形成的新型城市景观特色。

（2）本地产业条件一般地区

老旧城市或老旧街区的改造，本质上还不是规划或建造的问题，而是涉及公平正义的、需要大量资金的、群众性的、有序的社会活动。当本地产业发展较好时，政府有相对充裕的资金或有更好的经济预期，改造项目的推进相对容易，如果城市经济不佳，民众意愿不足，城市改造便困难重重。但是，越是经济发展缓慢的城市或地区，老城区、老街区的改造需求往往就越迫切。所以，此类地区改造的首要条件反而是产业升级。或者说，老旧城区改造应与产业升级一并考虑，二者互为因果、互为表里。各城市的规模不同，禀赋不同，引入产业不同，气候条件不同，所以我们难有放之四海而皆准的模式。

某城市进入国家的城市群建设时，将能获得来自中央政府的资金或政策倾斜。利用这些有利条件建设新的产业园区或开发区时，不仅应努力为新产业的各方人才，按"万维社群"模式建设好生活工作环境，筑巢引凤，还应考虑吸引老旧城区中的人们迁入新园区，既可直接参与新工作、投入新经济，也可成为园区的服务者和居住者，找到新工作或让孩子们享受更好的教育资源。这样将能吸引老城区中的人们和新来的工作者们共居一处，甚至可以分别给予他们经济或政策上的鼓励，便于新产业区的快速成长，迅速形成凝聚力和吸引力。

当新产业区发展到一定阶段，城市收入情况改善后，老城区的人口密度相对降低时，即可参照"情况一"来操作。如果条件允许，甚至还可以在尺度和造型上尽可能保有老城区的生活状态，形成特色街区，或许还利于打造新型商业场所或旅游目的地。

（3）城市近郊区

当城市发展良好时，人口越来越多，产业越来越丰富，必然出现城市向郊区扩展的现象。我们可以把这理解为因为生活方式的传播或经济发展导致，但以往经验告诉我们，如果一股脑儿地把乡村景观"铲掉"，按照城市形态来建设，可能会掉入另一种"城市病"的陷阱。

人文学者和规划设计师们往往认为乡村景观独具特色，生活在这里可以更亲近自然、更接近传统、更有助于清洁心灵，因此对那些不加分别地铲除乡村景观、换上高楼大厦的做法，甚为不满。然而事情不一定按预测发展，当某个近郊村庄没有特定产业，则商业活力有限，民房出租价格低迷。在城市中打工的人们支付较低房租即可居住于此，村庄活力大大增加。这是城市生活和乡村景观最美好的交融时刻。当出租户比例不断上升，本村人口密度就会大幅提升，房租也会上涨。当各种新建改造的出租房林立时，乡村景观已荡然无存。紧接着是交通混乱、人员复杂，甚至可能引发治安事件。民众不满呼声渐渐高涨，政府不得不出手干预，拆掉旧房子，建设高楼大厦就成为最后的解决方案。

如果我们按照前文反复提及的土地与房屋分离的视角来打造"万维社群"，让城郊的业态和景观变化不至于这么忽左忽右，可有如下操作，最初应尽量保持田园风光，把各种社会服务资源引入其间，努力改善本地民众生活品质；此时应对未来十年或二十年间本地业态发展和房屋建设的高度、容积率等提出规划要求；即使不为了城市人口的溢出，也应为本地民众改善生活留有余地。随着人口愈发聚集，依托"新型地产"和"智能建造"体系，本地的产业活力和生活气息不断提升，但也在逐渐远离原来的田园风光；地区规划建设可继续调整；最适合引入乡村的业态包括艺术家工作室、养老民宿、非遗文创制作工坊等对自然环境干扰少且人际互动良好的业态。当城市继续扩张，本地人口继续增加时，原来的郊区规划也将进入城市规划和建设体系中。总之，让城郊保持原状、稍加变动或彻底城市化，这个过程最好能平顺地完成，而且无论停留在哪个阶段，都会让生活于其间的人们能获得心理安全和满足感。以上都需要"万维社群"和"智能建造"的完美结合。

（4）"万维社群"与老城区改造

城市的发展也像个生命有机体，有高峰有低谷，没有一种规划建设方式能一劳永逸。从这个角度讲，房地产业会一直存在，房屋建造业也会一直存在，它们共同解释和解决着城乡发展和土地利用的关系。本书认为，在面对城市建设、老旧城区改造和乡村建设时，"万维社群"模式、"土地"与"房屋"分离的建设思路和"智能建造"体系是互相支撑、共同发展的。

第一，本地经济发展和老旧城区改造的动力不同、资金来源不同，但为了城乡协调发展，二者必须通盘考虑。在新城区和老城区中都建设"万维社群"，只是各有侧重，吸引中青年人进入新城区，打造新的业态增长点。老城区成为老人生活和地方文化传统的承载体，也是老人居家养老的集中地。当一定比例的老旧城区人口和机构迁入新区后，老旧城区改造后还可吸纳多种新业态。真正形成老旧城区人员和业态的良性互动，让城市经济发展成果真正回馈普通民众。

第二，无论从我们的文化理想、社会理想还是政治理想出发，按房价或地价来区隔社会群体的方式都难以接受，这不仅会加大社会隔绝，引发社会不满或制造孤独感、被遗弃感；而且事实上，也不利于各种服务的提供者和接受者就近而居，从而造成社会物质和人力资源的浪费。当居家老人、家政服务员、住家医生、理发馆和洗衣店服务员、快递小哥能与被服务者就近居住时，才能在社会资源耗费最低的情况下，让老人得到最好的照顾，让服务人员能有更多的订单，无论是提供服务还是接受服务的人，都能有安全感和满足感。只有"万维社群"中"大聚集、小分散"的居住模式，才能满足此要求，让绝大多数人安居乐业。

第三，"万维社群"在城乡的推广，让生活在城乡中的中国人能享受大致相同的公共资源，人们可以根据自己的意愿或经济条件，选择在城市或乡村居住。而在城乡改造的大盘子中，近郊区不断变动的景观，其实是城市发展水平和房屋建造能力的最真实呈现，也可成为新材料、新技术的重要施展场所。如此一来，城市边缘地区反而成了高新科技的前沿地带。

（三）房屋租赁与社会公平

1. 作为地产业特殊形态的"房屋租赁"

在深入讨论中国"新型地产"生态群之前，还应讨论一下房屋租赁，原因在于以下 5 个方面。

第一，房屋租赁是解决民众居住需求的重要途径，也是各国房地产业的重要领域。我们在讨论"万维社群"模式、讨论"土地"与"房屋"生产分离之时，不能忽视这部分内容。

第二，我们在大力发展商品住宅之后，除了在经济适用房领域有较大的动作外，几乎没有系统性地关注城市低收入阶层和外来务工低收入者的居住要求。"城中村"和"群租房"似乎成了这些人自寻出路的最可靠途径。但这些途径也有明显缺陷，既可能引发社会事件或有消防隐患，还很难保证租房者的经济利益，让人有不安全感，这在事实上加剧了民众买房的焦虑。最近几年不少地方政府已意识到这一点而试图调整，却效果不佳。已经成形的"二手房市场"不能被轻易取消，否则其引发的动荡可能比要解决的问题还要严重。或可借鉴学习德国和新加坡的经验，在社会主义理想和共同富裕的理想下，政府主导和政府指导的房屋租赁市场，应在"万维社群"中尽快落地。

第三，我们此前讨论的极为复杂的地价、房价问题，在租赁市场上则被"隐藏"了。租房者不用考虑那么多成本、税费和装修的事情，只要选择性价比较高的房子居住即可，操作起来更方便。而且租房居住的逻辑与前文反复提及的数字 AI 时代的"游牧人生"最为贴合，从社会发展趋势讲，商业模式和租房市场愈发成熟之后，未来中国人租房居住的比例应该稳步增长。

第四，今天中国的大城市中已经有了非常发达的二手房租赁市场，但这和我们倡导的二手房市场有着本质区别——二者的目标不同。我们可以学习一些发达国家的房地产政策，房屋租赁应是公共政策的一部分，而不能完全放任给市场。不加约束之时，房主和房屋中介一定会努力追逐房租利益最大化。如果有了政府主导和指导，租房市场将有能力地把租房价格适当拉回正轨，这将是大量租房者的福音，他们的经济压力会大幅减轻，也不必因房价原因频繁搬家。

第五，房屋租赁制度甚至是展现社会公平正义的重要途径。一是，通过租赁制度可让普通民众"居者有其屋"，让租金相对稳定，民众的生活压力能有效缓解，幸福感和满足感就更易提升。二是，即使是那些需要补贴的家庭，政府或机构对其进行补贴时，也能有明确的补贴金额和确定的补贴渠道，大幅降低公共服务的管理成本。

2. 发达国家"房屋租赁"的经验与启示

发达国家的地产业经营和国家政策中，几乎都涉及租房市场，有时还兼顾商业铺面的租赁。对地产企业来说，这是长线获利的来源之一；对社会来说，这是多样化房屋产品的一种类型。

（1）德国经验

德国的住宅合作协会是独立运营的实体，但有半官方色彩。协会在用地、建房、贷款和租金额度等方面都能获得政府或其他社会机构的补贴。德国每年进入市场的新房中，有三成左右由住宅合作协会提供。既有稳定的房源，又有政策支持，因此德国的房屋租赁价格能常年保持稳定，德国租房市场的比重也常年大于房屋销售市场。德国政府还鼓励房地产开发商建房用于出租。对于这批房子，政府也能根据租户的收入水平而给出补贴，所以开发商不会太担心房子大量积压而租金收不回来。为了保证租房价格不至于忽上忽下，影响民众生活或国家补贴过多，德国政府还指定租赁协会来控制市场上的房租价格。德国政府对房租的补贴额度有明确规定，认为居民可承受的租金范围应在居民收入的1/4以内；若超过这个额度，政府就会补贴，且补贴的资金由联邦政府和州政府各承担一半。当然，这也意味着每位公民的收入情况和租房情况，政府主管部门必须掌握。

德国的经验可能最适合中国国情。在数字化时代，当居民生活的所有领域都可数字化管理时，德国经验应能逐个落实。当然，针对中国社会的现实情况，补贴的标准和额度还需进一步细化。在国家逐渐富裕之时，使用国家力量和社会资源补贴民众租房，可能是解决民生问题、增强民众幸福感的重要途径之一。本地房租的变化还可成为政府主导城市开发改造、产业升级的重要依据之一。

（2）美国经验

美国也有自己的租房补贴政策。第二次世界大战后住房供给不足时，美国政府既补贴开发商，也补贴购房者。但到了里根时代，联邦政府对住房补贴基金的分配作了较大的修改，于 1983 年终止了住房新建补贴计划。因为低收入阶层大多租房居住，所以政府推出了租金优惠券，只要有租金证明，政府认定的低收入者就能用优惠券来抵一定额度的租金。因为这些操作都在市场框架中运行，所以低收入者自发到市场中求租，有时会租不到合适的住房。

美国租金优惠券的方法或许也可借用，至少可以作为政府或企业的一种优惠模式来使用，比如当城市引进人才、企业特聘专家迁入时，就可获得一定额度的租金优惠券。但这种优惠券可能也应实名制，而且收到优惠券的房主或二手房租赁机构，如何能快速资金到账，也有许多环节要打通。

（3）新加坡经验

新加坡居住房屋和租房市场一直保持稳定，但 2020 年以后，因为国际局势的快速变动，大量外来人口涌入新加坡，新加坡的房价和房租疯涨，到现在都没有下跌的趋势。政府不得不对租房政策进行大幅调整。新加坡的住宅类型主要是组屋，一房、两房、三房、四房均有，还有私宅和店铺。政府并不要求降低房租，而是允许四房组屋租住给更多人，从原来规定的 6 人涨到现在的 8 人；建屋发展局主管的店铺，原先不允许租住，但按照新政策，若面积超过四房组屋面积，也可租给 8 人居住；而且，这项新政策的有效期只到 2026 年，以后是否还需调整，得根据市场需求再决定。

新加坡的经验说明了两点：第一，无论最初设计多么完美的政策体系和市场体系，在面对急剧变化的国内外情势时，难免有捉襟见肘之时，政府主管部门必须在第一时间拿出有效对策；第二，当突发状况出现时，出租房屋，特别是政府主控主导的出租房屋，是快速稳定市场、解决燃眉之急的最可靠抓手。

（四）建设中国"新型地产"生态圈

1. 房地产应体现社会公平

在讨论中国房地产业发展的论文中，不少学者都提出，目前商品房价格中的地价占比太高，严重影响了普通民众的购房意愿。从账面上看，房价上涨后的直接获利者既不是地方政府，也不是地产企业，而是将房屋转售后的早期购房者，由此还导致了"屯房"现象。或许，房价被推高也意味着有更多的卖地和售房的收入。如此说来，越来越多的民众，特别是年轻人缺乏买房意愿，其实是一种回归理性的社会信号。

土地是所有生产和生活的基础，既是生产资料也是生活资料，本质是"国土资源"。土地的归属和使用，既涉及市场经济，也涉及公平正义和国家属性。在中国的历史文化背景下，公平正义更重要。长远看来，当土地与建设分开处理时，任何人的房屋使用，都能更好地兼顾市场经济与社会公平。

"房子是用来住的，不是用来炒的"一直被集中热议。大家角度不同、各作解读。其实这句话的本意应该是一种价值判断，而非经济政策。前文分析了许多国内外地产领域的政策，总结下来，任何国家的成熟经验其实都有三个层次，由低到高分别是：第一层级是市场经济的操作手法，第二层级是政策引导的市场方向，第三层级是国家的深层价值体系。"房子是用来住的"指的是第二层级和第三层级的内容，而非第一层级。本书倡导的"万维社群"可被视为从第二层级对第一层级的指导方法，或者说有效梳理第一层级到达第二层级的框架。

2. 可以租赁的"土地"与"房屋"

我们的所谓"大产权"房也只有 70 年的使用权，而且一般房屋在使用三四十年后，很难不面临结构加固和户型设施老化的困境。即使 70 年后仍可居住的房屋，也很难达到较好的居住条件。

"万维社群"中的人们几乎能在"游牧人生"中追逐梦想、实现自我，这时候人们生命中的每个居所，不过是一处处的临时驿站而已。既然如此，未来人们付费居住的方法将与付费购物的逻辑更加相似。如果仅是租房居住反而简单。麻烦在于房屋的销售过程、多种费用的计算方式。如果我们把地价部分想象成对确定面积、确定空间的租赁费，可能更易理解。现在的模式是购房者必须一次性买断 70 年的（面积或空间）使用权，当然价格很高。如果未来的房屋租赁费可以 10 年或 20 年一付，而且可直接交给地方政府用于城市建设，不必再经过地产商之手，也可随着城市发展而地价上浮或下调再缴纳下一个计费周期费用，当然上浮或下调的幅度应受控，以免让现有住户受到太多困扰。面积或空间的长租费用既然能直接交给政府或政府指定的机构，那么这部分费用的价格和用处，其实也是政府惠民政策最好的施展领域。

当空间租赁落实后，每家住户可按照自己的意愿选择现成的房屋产品"放置"进去。如果有特殊定制需要，那么多花钱、多等待就能获得自己满意的房子，这套操作完全符合市场逻辑。就是说，相同租赁空间的家庭完全可以住在不同风格、不同户型的房子里。对任何家庭来说，经过 10 年、20 年，家庭成员或生活方式的变化，本来也可能需要更新空间布局和新式设备了。这时候要做两件事，其一是空间租赁续费；其二就是购置一套全新的房屋产品再更新"放置"进去。要做到这一点，必须对现有的房屋建造方法和结构体系作全面调整。

3. 新型房屋的投资者和开发者

如果"拿地"和"买房"两件事可以分开处理,那么民宿老板、特色菜馆、抱团养老的好朋友或儿童舞蹈培训班老板,只要他们能合理合法地、按照本地经济规划和城市规划要求,拿到一块地或一个楼层的长期使用权、租赁权,是否就可以在其上订购或定制自己的房屋了呢?

在现有房屋开发建造体系中,这些投资人的资金量和专业背景,都不支持他们自己建房,公共管理和专业规范更不支持。而"新型地产"模式将给他们带来前所未有的自由。前文提及的浙江丽水"一户建"项目的探索令人期待。

当然,这不是说由地产开发商拿地的大面积开发就不存在了,或许正相反,当智能建造体系愈发完善,当中国各地城市更新和房屋更新的需求量越来越大时,地产商们或许还能迎来事业新高峰,只是这个时期的地产模式也已经变化。因为有了智能建造体系,房屋建造工作可能更多仰赖生产建设企业来完成,而地产商们则回归他们最擅长的领域即地产经营。

4. 轻资产型地产公司

前文已述,美国的帕尔迪和新加坡凯德置地等地产公司都进行了轻资产运营,通过智力密集型的服务,让公司能保有多种获利渠道,也为社会提供更多专业化服务。中国的房地产商和从业者也在此领域中有一定探索,且有初步成果。

"万维社群"的土地获取和盈利方式更多,房屋建造体系愈发完善,且尽量让每户房屋的个性化要求都得以实现。智能生活和智能商业让更多更广的运营服务内容成为必需,这就为地产企业全面化转向

"轻资产型"公司，提供更多商业机会。

5.有公信力的组织

为促进"新型地产"和"智能建造"的有序发展，还应重视一些有公信力的组织建设。国外经验在以下三方面值得借鉴。

第一，德国的住宅合作社模式值得学习，不仅可以自行开发建筑，提供租赁房屋，还能影响私营房地产企业的开发模式和租赁价格，并影响政府对居民住房的补贴政策和补贴比例，是政府稳定房屋租赁和销售市场的可靠助手。

第二，德国为了保证房地产价格的合理、稳定房地产市场，建立了独立的房地产价格评估机制。就是说，德国的房产交易价格不是开发商决定的，甚至政府官员也无权置喙，价格主要由房地产评估师来决定。而且为了防止评估师暗箱操作，政策规定房地产评估师对自己的评估结果负有 30 年的法律责任。德国在各州、镇拥有房地产公共评估委员会，他们根据当地房地产市场状况来制定房地产的基准价，不仅对房地产评估师有指导意义，而且当地的房地产开发商制定经济计划和指标时，也要参照这个价格。如果房地产开发商为了追求高利润而制定过高的价格则会面临法律惩罚。比如，若开发商制定的价格高于基准价两成，买方可到法院起诉开发商，而违法开发商要面临5 万欧元的罚款；若价格超过基准价的一半，则可能构成刑事犯罪。因此，在德国独立的地产评估制度和严厉的法律制度使住宅投机面临巨大风险。德国的房价评估制度具有借鉴价值，但若引入中国，也许还需大量研究和试点工作。

第三，瑞典的居民储蓄建设合作社（HSB）是瑞典合作建房运动的主力。HSB 制定的"HSB 规格标准"更多地反映了设计人员和居民的意见，更符合广大居住者的要求；不仅能为居民建房吸储和借贷，还开展了材料和部件的标准化制定工作。这套标准对提升瑞典住宅的工业化程度和房屋产品质量，起到了决定性作用。

四、"万维社群"需要"房屋生产"新模式

（一）中国建筑工业化尚未全面成功

虽然行业内外都有人主张"像造汽车一样造房子"，但也有人坚持认为，建筑跟汽车不一样，建筑必须是"百年大计"，甚至几百年不倒的建筑也不少见，汽车跟建筑比不了。所谓的"百年大计"指的是建筑结构必须稳定，在面对突发灾害时，结构的稳定性能救命。但人们其实非常不喜欢室内有粗大的柱子或建筑墙体影响空间自由布局和使用者自由行动。不同人、不同家庭，甚至同一个人的不同年龄段，对室内空间的使用需求都有不同，长远看来那些能适应多种户型需求的结构体系，更受欢迎。

发达国家建筑工业化的发展时期，美国始于 20 世纪 30 年代，20世纪五六十年代更盛。德国、日本和瑞典于 20 世纪五六十年代先后完成。新加坡稍晚，20 世纪 60 年代开始。这些国家发展建筑工业化和产业化的直接目的，都是为了解决本国民众的居住要求；但另一方面，这一时期也是各国第二次世界大战后工业化大发展的时期。甚至可以说，建筑业的工业化为吸纳生产技术和就业人口提供保障。让人疑惑的是，发达国家发展工业化建筑之时，其工业化水平和规模，远远不及今天的中国。为何这些国家在技术水平远不及当代中国之时，却能成功地完成建筑工业化和产业化转型，而中国建筑工业化至今尚未全面完成？前文已对导致这一现象的原因多有论述（如第二章），归根结底在于：中国目前的行业管理框架还需进一步优化，跟上生产力的发

展水平。

新中国成立初期，中国在本质上还是个以手工业为主的农业国。以国家力量办工业，既是新中国全面工业化的探索，也是用现代国防保卫新中国的必由之路。改革开放后的经济改革，特别是外向型加工制造业的快速发展，从根本上释放了中国的工业生产潜能。无论是为了寻求国家发展，还是追逐经济利益，到了2010年以后，连我们自己都很惊讶：各种重工业和轻工业慢慢地在行业顶峰相遇了。

坦白说，这种成就可能使我们产生了自信，因此并未意识到，当中国社会和科技快速发展时，适合前一个阶段的行业管理方式，是否能适应规模更大、更复杂的技术体系？

因为中国早期的科技水平较低，强有力的行政和行业领导，绝对利于集中精力、重点突破，这也是重工业等快速发展的重要原因之一。即使是常规技术领域，若涉及民生或利于国家经济发展，部门行政领导和专业人员就成为行业代言人，可为行业发声，为行业发展争取资源。随着行业发展愈发成熟、成果颇丰，从业者的自豪之感和骄傲之气就难免同时出现。行业不断成长、从业者水平提升、对以往成就的自豪或自满、对行业评价公平性的追求都会让从业者愈发满足于在体系内部深入挖掘，他们的晋升阶梯被科技成果、论文发表、个人声望、经济收益所框定。有时候，如何获得课题、发表论文，甚至比课题和论文的质量还重要，这会让现有体系存在的合理性愈发强化。慢慢地，任何突破现有行政或学术框架的努力都显得不自量力。行业内部也有很多成果，只是许多成果都受限于现有体系框架，其产业和社会影响力都很有限。当体系和观念无法与时俱进时，过于丰富的资源和经费，必然培养出一些只关心自己研究成果，却对行业全局缺乏关注的学者。

当行业被既有框架框定，跨越住建部、工信部等行政管理部门和大学科研机构的研究，并没有现成的科研管理模式可循。各个单位、机构和设计师、工程师、研究员等个人都急于在既有体系中获取学术声誉和经济收入。而中国愈发多样细分的制造业，更让建筑从业者难以整合统领。

在实际操作中，越是高水平的建筑设计、建筑施工和研究型大学，越是自视甚高，对合作成果的归属常难有共识。于是，很多单位都试图培养或聘用跨学科人才，但效果未必理想。必须承认，的确有天赋异禀者，作为跨学科人才能充分理解多个专业的内在逻辑，但这种人才可遇而不可求；更何况此类人才也未必与本公司机构有共同的社会理想、愿意共同承担社会责任，因此我们还是应求助于制度性的保障。更有效的办法应是根据科研项目需求而组建跨专业的工作团队。在此团队中，项目负责人不仅应具有专业威望、行政管理能力，同时能敏锐地意识到项目所需的跨学科专业需求，还能团结各专业人才共同工作。换个角度讲，我们以往的行政管理加专业研究的做法并不错，只是我们的管理方式必须不断深化细化，能与各科研项目良好结合。那么，有理想、懂专业、懂管理、善协调、爱学习、有大局观的领军型人才，将是最重要的人才。这种人才应从行业实践中锻炼成长起来，而难度和复杂性越来越高的工程项目将是他们的最佳成长平台，他们是"产学研"结合的人才保证。

数字AI时代的到来，让全世界的领导阶层和文化精英们都措手不及。中国政府在迎接新技术、挑战新科技、引领新产业时，态度最坚决、基础最完备、工作最有效。本书提出的"万维社群"可视为全面解决地产业和建筑业现实问题的有效入口，而"新型地产"生态群建设和超越建筑工业化的"智能建造"体系，则既是建设智能城市的抓手，也是解决行业现实问题的途径。

（二）建构中国工业化房屋产业链的可行途径

通过前文对国内外房地产业和建筑工业化、产业化的研究，我们提出五条打造中国工业化房屋产业链的基本原则。

1. 适合工业化生产的房屋类型

适合推进工业化房屋的领域大致有如下几类：①常规设计的平层、多层和高层住宅；②普通办公楼；③快捷酒店或民宿；④中小型厂房或非遗生产车间；⑤其他中小尺度或结构规整的房屋。这几类房屋不仅市场需求量大，使用者通常是普通家庭、中小型企业和投资人，而且这类房屋的结构体系、建材构件等还可通用，即满足部品化、通用性要求，反正都能做到工厂化生产、在地化施工安装，非常利于组织生产、节省人工和控制成本。

与工业化房屋产品相关的还有几点要注意：①中国的相关产业规模巨大，自然条件差异大，用户需求也各不相同，所以我们的工业化房屋不仅应有全套的房屋产品如房屋结构、外墙加内部装修和硬质隔墙、硬质家具等，还应把房屋结构和内部装修等分开来考虑，提供阶段性的工业化产品。②这种产品的组织方式不仅适合建新房，还适合房屋改造、重新装修，因此市场适应性很强，能让消费者有更多样化的选择。③即使是一些特殊设计的艺术性建筑或超高层建筑，其房屋结构和材料都需特殊设计建造，也须选用常规规格或特殊定制的工业产品或建筑构件，来进行内部空间的装修装饰。④当然，即使是工业化产品的内部装修装饰构件，也可在尺寸的适应性、色彩和装饰图案、肌理的多样性选择上，有较大自由度。这与预制化的工业生产体系完全不矛盾，而且工厂化生产的装饰材料，精细度更高，艺术品质也更好。

2. 工业化房屋的结构体系

广义说来，凡可在工厂中预制构件、运到现场再组装的房屋建造方式，都可算为工业化房屋。但是，并非所有的房屋建造都能完全取消湿作业，全部通过干作业来完成。根据地形、环境、成本和项目特点，有时局部、快速的湿作业也应被纳入工业化生产体系中，日本的经验即如此。对我们来说，只要能满足工厂化生产、现场组装的要求，无论采用了何种材料、何种结构体系，均可被纳入中国工业化房屋生产体系。

中国国土广阔，为了控制成本和技术标准的通用性，我们最好能找到某种材料和结构体系，有最广泛的适应性。比如美国住宅，最初以木结构和钢结构为主，后来钢结构的比例越来越高。中国的工业化住宅，可能采用钢结构或钢筋混凝土结构更适合，既能满足多种房屋的建造要求，也与我国现有的建材生产基础、节能环保要求相匹配，甚至与民众的心理安全感相符合。这不仅是技术问题，也是经济问题、就业问题、社会心理问题和可持续发展问题。

日本的 KIS 体系已在行业内被充分研究，其设计观念对中国房屋，特别是住宅建设很有启发性，这也是住宅内部空间可个性化定制的基础。当然平层排水、管网洞口、管井设置等非常重要，应进一步优化设计和材料、工艺。

3. 探索适合中国的金融模式

如何建构与中国工业化房屋产业链和智能建造体系相匹配的中国地产金融模式，是经济领域的大议题。本书并不擅长银行业和金融体系研究，因此只能说，从制造业、建造业和科技研发视角看，未来的金融政策应侧重如下几点。

一是金融政策无论针对开发项目还是科研项目，应以促进产业发展和产业链完善为重要目标之一；那种把大量资金投入到地皮交易的做法，肯定不可取，也不可持续。二是建议把土地租赁费用和房屋建造成本、市场价格等，分开考虑，分别计价和分别监管；这就类似于汽车的整体费用包括购车款、养路费、保险、车位费等几个部分，各有主管部门和支付方式；如果房屋产品也能这样处理，将非常利于行业内部的利益分配、服务监管和品牌竞争。三是建成房屋的交易也可把土地租赁和房屋产品分开处理；土地租赁费应成为本地政府公共资金的重要来源之一，但房屋产品的来源可能是跨省的，甚至是全国供货的，分别在各自公司企业完税；但因为房屋生产行业的特殊性，就近设厂或设库房肯定有利于市场竞争。这种模式一旦形成，不仅非常利于国内大市场、大循环的锤炼，还能通过市场经济的力量优化产业布局、推动技术进步。四是应为中国房屋产品的大量出海做好资金、物流和法律准备。

4. 打通产业壁垒，塑造完整产业链

前文已反复强调，发达国家起步做工业化房屋的时代，甚至工业化程度、技术水平还远比不上今天的中国。我们作为世界上规模最大、工业门类最齐全的国家，居然在工业化房屋生产上至今不甚完整，根本原因不在于技术上，而在于观念上，特别是管理者的观念。过于细分的行政管理体系和专业教育院校，还在保持这些观念，对市场上、企业中已经出现的跨专业合作苗头也视而不见，让这些变化和需求无法上升为国家政策，自然无法有效推动产业链的完善。

为塑造中国工业化房屋的完整产业链，应把工业化房屋产业链的打造上升到国家层次，整合住建部、工信部等政府主管部门的资源，做好顶层设计，真正解放思想、打通壁垒。行业内部首先应针对具体的房屋产品，组织设计师、工程师、施工企业协同合作；从市场角度看（特别是住宅、酒店或办公楼空间），室内设计师更靠近消费端因此更了解市场需求，他们应发挥更大作用，反推结构和各种设备设施及维护更新的要求；当把房子当车子来处理的时候，房屋生产中的设计师和工程师的工作方法和评价标准将有颠覆性变化。专业教育院校有责任为工业化房屋建设产业培养优秀的设计师、工程师和工匠，这或许是招生不佳的建筑学和环艺专业迎来转机的重大契机。

中国现有的建材和建筑装饰材料的生产质量越来越好，电商和工业化程度都让我们的物流和仓储业实力强劲，为了塑造工业化房屋产业链，只要有较好的行业政策和充分的市场竞争，这些领域完全可不断自行完善，成为工业化房屋产业的有机部分。任何创新事物都需要第一个"吃螃蟹"的人或群体，在国家顶层设计或政策鼓励的大背景下，应在商业环境、物流方便和工艺技术较发达的地区，找一批具体项目来落地，不仅要走通技术流程，更要走通商业流程；而商业流程才是限制工业化房屋发展和不利于产业链塑造的现实原因，也是须依靠更高级别机构来统一协作的原因，发达地区乡村或城乡接合部的独栋或联排房屋，可能是最好的第一批实践者。与行业相关的数字平台，甚至 AI 平台搭建，也应一并展开，而且必须是国家级的、向所有合格企业开放的平台，一方面，平台的运作必须是市场化的，另一方面，数据安全和信息的准确性和公信力，也必须有行业担保和责任人，这也是值得深入讨论的大课题。

5. 鼓励跨专业的、脚踏实地的研究团队和研究项目

中国现有的大学和科研机构中聚集了一大批人才，但行政体制、工作方法和评估方式中还存在不利于跨专业研究者协同合作的因素，毕竟科研成果的归属和研究者的署名权问题，都不利于研究团队的真

诚合作和科研工作量的计算。针对工业化房屋产业特点，建议国家级、省部级研究课题和企业项目并置，鼓励大学和院校中的各专业教师、研究者与企业中的研究者、工程师和工人技师深度合作，既能解决企业难题，还能让国家资助的项目真正能为国家的政策制定提供可靠可行的解决方案。面临工业化、产业化和智能建造的课题时，有关国家级课题，应让企业专家有话语权；杜绝大学拿着国家经费、科研资金而"自我欣赏、闭门造车"。只有这样，才真正有利于行业发展，有利于创新思想落地，有利于中青年研究者成长。

目前看来，迫切需要研究的问题有：中国工业化房屋的产业链研究，工业化住宅的新型商业模式研究，工业化房屋建设产业的人才培养和专业教育改革，工业化房屋产业与城乡协同发展，工业化房屋的数字平台和 AI 系统建设，中国工业化房屋产业的出海与"一带一路"倡议，以及跨学科专业团队的行政管理与科技创新等。

第四章
"像造汽车一样造房子"

本章提要

"像造汽车一样造房子"口号的横空出世，正是西方社会观念从古典时代进入现代生活的重大变革时期。人们渴望按照工业化、流水线造汽车的方式来建造房子。但时至今日，无论是汽车生产还是房屋建造，都逐渐进入"智能生产"和"智慧城市"的系统中，"像造汽车一样造房子"的口号应有与时俱进的新内涵。

在研究房屋的工业化建造时，绝大多数文献都对标发达国家的成功经验，而鲜少关注中国传统的建筑营造方式。其实，中国古代建筑的建造方式完全配得上"房屋生产"这几个字，在标准化、预制化、流水线、适应性等方面甚至不输现代工程，但中国古人未能独立完成工业革命，因此我们建筑营造中的工程思维与技术哲学无法顺畅地进入现代房屋生产系统中。今天我们在学习借鉴发达国家的经验和教训的同时，也应研究中国古人的工程思维和技术哲学。

本章先用"房屋生产"对标"汽车生产"的设计、制造、销售和回收的全流程，然后回顾了中国古建营造的重点文献；再分别分析了这两个研究视角对塑造中国房屋生产产业体系的启发；随后提出了一种适合中国人需求的、"万维社群—新型地产—智能建造"三位一体的房屋生产体系，探索一种以技术革新为底盘、商业整合为手段、社会理想为目的、观念革新为成果，能有效推动新质生产力发展的新模式。

一、"房子"对标"车子"：基于市场的生产体系

（一）"房子"对标"车子"

自近现代以来一直到 21 世纪早期，中国科学技术各领域一直处于追赶状态，西方发达国家的科技成就，一直是我们的对标学习对象。但今天看来，在建筑工业化生产领域，我们的认识存在两大误区，而且这两个误区都体现了我们眼光的局限性。

第一个误区：把建筑工业化的讨论局限于建筑行业内部，局限于材料、结构和施工流程等技术领域，而欠缺产业链塑造的意识，对经济、管理、营利等内容缺乏思考。就是说，建筑行业一直研究的是建筑工业化而非产业化。第二个误区：把当代中国建筑工业化和产业化方面的欠缺，看成是一种科技能力的不足，完全没意识到产业链打造的本质不是技术问题，而是公共管理和市场环境问题，甚至涉及社会心理和文化传统。自秦统一中国开始，各种大型工程的组织和建造，已成为中国人的文化基因。如果我们不能从中国人的工程思维特点入手，既是工程建设上的损失，也是中华文化传承上的重大损失，还可能无法真正找到符合数字化生产逻辑又有中国特色的智能建造体系。

1923 年，建筑大师勒·柯布西耶在《走向新建筑》一书中提出了"像造汽车一样造房子"的口号，当时的城市规划建设思路，正在从古典时代进入现代时期。柯布西耶的论述重点仍然放在城市规划思想和房屋的生产建造上。但社会发展到今天，建筑行业产业链已经愈发庞大、深入和细碎，且早已进入经济决策、就业岗位、日常生活，甚至国家战略中。因此，当我们把汽车业当作对标物之时，就不能只看到

汽车生产这部分，还得连同所有相关领域一并关注。

对比"汽车生产"和"房屋建造"，能发现以下五个明显差异。

第一，汽车行业有明确、单一的产品责任单位，就是汽车品牌方和制造商，而且品牌方和制造商必须负责从研发、生产、推广、销售、养护到回收的全过程。比较而言，我们的房屋生产建造体系，至今没能完成产品的品牌化，或制造商负责到底的产业链。虽然的确出现了品牌化的地产项目，但这些品牌都是开发商的，而不是建造单位的，更何况绝大多数的房屋交房时都是毛坯房，相当于车子只有底盘、轮胎和发动机，却没有座椅和内饰。房屋使用中发生的裂纹、漏水等现象，开发商和建筑承包商，通常不会直接面对住户提供上门服务；如果只是使用中需要更换门窗或地漏，无论建筑承包商还是室内施工单位，也都不会一直追踪负责。

也有人说，房屋的使用时限比汽车要长得多，汽车的维修养护方法不适合房屋。这种说法可能有些绝对化了，任何工业化产品只要提前作出使用时限或责任约束，都能在技术手段、责任人员或费用计算上有所体现。

第二，因为汽车业直接服务于客户（个人或机构），但客户需求各异、使用条件不同，于是汽车业有自己的解决办法，很好地解决了生产端和消费端的矛盾：通过品牌形象、价格差异、车型区别、动力等级的不同，来对客户的使用要求和经济能力进行区分。事实上购车者和品牌方有一个"双向奔赴"的互相选择过程，两者都得在价格、功能、造型等方面进行斟酌，最终选择综合能力最佳的车型。

必须把客户必要的和潜在的使用需求集成在一起，满足客户的日常要求、特定要求和心理需求，因此每种车型的空间、功能、技术等必然存在冗余，否则无法提供全部需求。设计师和工程师在进行新车型开发时，就必须把客户需求、生产流程和商业服务等内容一并考虑，这也是发达国家的工业化房屋生产时，建筑师、工程师和市场部门，共同确定房屋产品方案、价格和组织生产，必须综合考虑的内容。遗憾的是，这并不是房屋设计和生产建造时的常规工作，哪怕我们已熟练掌握了许多工业化房屋的生产技术。我们的建筑师、建筑承包商往往并不直接面对客户（购房者或住户），而开发商和室内设计师通常更了解客户（为了销售房屋和获得订单），这也是为何一些有想法的地产开发商，后来就自己组织设计和研发团队的最直接原因。

第三，汽车产业已发展百余年，汽车的付费使用有多种途径，购买、租赁（长租或短租）、做出租车等，其实这几种使用方式在房屋使用中也有大致相当的用途。从市场反应上看，人们对房屋使用的付费方式并无不满，更多关注其实都集中在"价格"上。

汽车品牌的影响力和市场占有率往往是互相影响的，善加利用当然利于经营收益的稳定增长。若操作得当，房屋产品的生产商、建造商和经销商的经营理念，完全可借鉴汽车行业的经验。

汽车上路后，还有另外一组跟汽车使用相关的费用，鲜少受到房屋建造领域研究专家重视。私家车使用时的费用，包括停车费、年检费、保险费、保养费和汽车报废时（补给车主）的回收费用等。这些费用中，停车费、年检费和保险等，都与汽车生产企业无关，而是支付给那些并不生产车子却要保证车辆正常行驶和满足公共安全的部门。也就是说，汽车产业链中许多重要的管理服务部门并不属于汽车生产领域，却是产业链中保证产业健康发展的有机组成部分，而且还能吸引许多专业人士参与产业链建设。

那么，房屋的生产、建造、使用、服务、回收过程能不能也借用汽车的产业逻辑呢？不仅在房屋的设计建造上着力，还需顾及各种公共服务、法律法规、经营管理方面的内容，只有这样才能培育完整的房屋建设产业链。

第四，汽车牌照有特殊意义。一辆全新的汽车，即使付了全款也不能随意被开上路，交管部门发放的牌照是车辆上路的必备品。这是因为汽车虽然是工业产品，交给买家后，商品交易就结束了，即使有后续的车辆养护，其本质也只是售后服务，已进入到后一个环节，但汽车的使用并不是车主的私事，还必须遵守规章制度和公共秩序，操作不当就会影响公共安全。所以通过牌照来追踪车辆的位置，本意是监管车主的驾驶行为，若有违法违规必须承担法律或行政责任。当然，一旦车辆被盗或被损坏，还可通过牌照来找到犯罪分子、追查责任方或利于保险公司确定责任而理赔。在中国房屋生产和使用的现实环境中，有些房主或租户缺少公共意识，也可能缺乏相关知识，使用中对房屋结构随意拆改，制造噪声、占据公共通道或随意遛狗都可能在事实上损害了其他住户和房主的权益。在工业化房屋的使用过程中，是不是可以参照车牌的做法，在房屋的生产和使用中也设置牌照，并以此督促住户提高文明素养？在智能建造时代，需要被约束的行为和人员可能更多，这也将是中国人自我约束、自我教育，形成新型公序良俗的重要领域。

本书建议的房屋牌照与门牌号码不是一回事。门牌号是为了便于快递小哥或访客查找位置；房屋牌照是为了让房屋产品与所有者、使用者的信息绑定，便于公共管理部门和房主自己查询，随着房屋的使用还可不断增补和更新信息。简单说，门牌号相当于停车场的停车位编号；而房屋牌照就像车牌号。经年累月后，如果房屋被改造或重建，可以重新颁发牌照，相当于换了辆新车，但门牌号仍然可以不变。与房屋牌照和门牌号相关的信息，必须进入国家管控的数据库中，保证信息安全，并成为智能建造产业的数据档案。

第五，对任何汽车品牌而言，一定有核心技术或特色产品，但也有大量的、自己不善生产或技术含量有限的常规产品是供货商提供的。当某国汽车产业大发展时，本国供货商和配套产业公司的工厂必然获利最多。他们还会通过行业协会再进行技术、服务和产业升级的讨论，更利于行业发展，能为消费者、使用者提供更好的产品和服务。今天，中国的新能源汽车产业正沐浴在霞光之中，那我们的房屋生产行业呢？我们能借用中国汽车产业的成熟经验吗？房屋生产、智能建造产业如何能为配套产业提供更多机会，进行技术创新和扩大就业岗位？如何对相关产业链和科技升级起到拉动作用？如何让绝大多数中国人住进更好的房子，更有获得感和幸福感？这都是值得思考的问题。

（二）重塑建造业

通过对标汽车产业，面对智能生产、智能建造和智能城市的来临，塑造中国当代工业化房屋产业链，应注重如下三点。

1. 整合建造业产业链，明确品牌开发主体

中国的商业地产发展了二三十年，建筑设计和施工单位主要负责依据商业指标和行业规范来分配空间和建造实体，他们的直接服务对象是开发商，而不是最终的购房者或居住者。按照这个逻辑，也就不难理解，当开发商眼光较好且责任心较强时，房屋质量和户型设计品质更高。这个过程中，建筑师的设计水平并非决定性因素，或者说较高水平的设计师未必能被委以重任。

真正面对每位房主和住户的是室内设计师，但室内设计师在已经确定了的房屋结构体系和各种各样的客户需求之间，常左支右绌、难

有作为。当购房交易完成后，关于这栋房屋的所有技术问题，都只能被纳入物业管理公司了。但在现行常规操作中，物业公司往往并不掌握房屋建造的设计、建材和各种技术细节和原始数据，有时还缺乏相关技术人才，无法向住户提供更有针对性的技术服务。一旦有个别住户擅自挪动或伤害了房屋结构或墙体，可能影响房屋的安全性、耐久性，甚至带来隐患，却难有明确法律或技术评估流程来让破坏者承担法律责任。这里还存在一个悖论：此类事件的法律责任追究，必须有一个前提，那就是伤害已经达成（比如物品被窃或被损坏）或被明确证明有重大隐患，而房屋结构的隐患很难判定，毕竟很多隐患和伤害都是累积的、多种因素造成的；有的伤害是缓慢发生的或只有在重大灾害时才能呈现，因而难以度量测定；而且即使能测定，也几乎无法找到单一原因或明确责任人。这也是目前法律对那些缺乏公德的住户，危害大众安全的人，难有作为的重要原因。

确定房屋生产和后续管理有明确、单一的主体，是解决这些问题的先决条件。就像汽车一样，无论是厂家的问题，还是车主的问题，都可在有第三方监督的情况下，追究生产商的责任或寻求生产商的帮助。

目前中国制造业和建造业的技术水平，工人技师的专业能力，投资人、运营商的经营能力，都完全能胜任这项工作。但在广义的艺术设计领域，建筑设计的市场化还需增强，缺乏主动意识和能力，嵌入已深度市场化的各产业环节中来。

为改变这种局面，培育出能负责房屋产品全流程的开发主体，至少应做好如下几点：创建更高层次的国家级协调机构和机制；在大学（如建筑系和环艺系）中，建立服务于工业化房屋产业的人才培养体系，并逐步增加信息技术、商务、法务等产业发展的相关内容；鼓励有能力、有意愿改革的开发商、建筑企业和物业公司深度合作，在技术标准、服务标准、价格体系等方面制定出可靠的执行标准，并不断修正和优化；还须有意识地反垄断、制定反垄断法，既尊重地方差异，又鼓励各公司企业的新技术和好模式的推广获利；鼓励发展服务于国家或企业的研究机构，虽然研究人员有各自归属的单位，但针对具体项目，应鼓励跨领域、跨单位组建研究团队。研究成果的归属和经济利益分成，在不危害国家和公共利益的前提下协商处理；即使是国家级研究机构，也可服务于大学或企业，或者由某单位针对项目而自行组建研究团队，此类研究尤其应关注公共性、长远性、专业性和国家安全性；当研究项目和研究团队愈发多样化时，应能推动评价标准的多样化，提升评价体系的公信力尤其应关注对行业发展的实际效果，只有我们的科研成果能有效服务于企业发展实务，或便于制定更好落地、更有效的行业法规，才能为我们的理论研究、前沿性研究打好基础，我们的研究模式才算真正成功。

2. 革新土地使用模式，优化房屋结构体系

无论是发达国家的经验，还是我们现有的房屋销售模式，基本都遵循如下原则。

一是开发商拿地，土地使用时必须满足各项规章制度和规划要求；当我们把红线和限高要求一并考虑时，就会发现开发商拿到手的是一个有明确体积边界的三维空间；当然，像容积率、绿化率和交通路线等要求，还会进一步限制这个空间的分隔方式和使用方式。

二是建筑设计单位的基础工作是符合行业规范、满足甲方要求，通过柱子、墙体、楼板来把这些空间分成很多小区域，园区规划和建筑设计的工作逻辑也一样。接下来的建筑施工单位就根据建筑施工图和技术规范来把这些设计图"实体化"和"实物化"，经过各种技术检测评估后，把完成的"实物产品"交给开发商。然后开发商会根据每

个小区域的面积、层高和位置来出售或出租。

三是无论销售方式如何，买家或租户进入自己的实体空间后，只能在墙、柱、地、顶的有限边界内，寻求最舒适或最高利用率的空间布局，即使有使用不便、空间浪费等设计不合理的情况，也难有作为。房主花钱请来的室内设计师，虽能优化空间却难彻底改变空间。

房屋的结构设计至少仍需满足百年安全使用，但房屋使用中也需"年检"，主要针对其中是否有可见或隐藏的结构损伤；年检的时限也应有要求，如房龄不足20年的5年一检，超过20年后则3年一检，40年后每年都检。因为房屋使用中一定会有室内改造，有时还有外部改造，对于那些结构稳固的房屋，可以通过建筑内外"装修"来更换功能或升级品质。目前看来，房屋的报废并不是因为马上要塌掉或成为危房，而是当房屋有安全隐患，已无法满足居住条件时，或改造不划算时，房屋的生命周期就到尽头了。

无论何种原因，如果房屋结构出现隐患，或者地块属性发生变更，那就得通过政策、经济或技术手段来拆除房屋，并在原地或异地另建房屋满足新要求。具体操作过程大致如下。

（1）针对独立或联排房屋。开发商和建设单位仍负责拿地和前期规划，并提供符合城乡管理和技术规范的若干房屋方案或实景——房屋外观、结构材料、室内风格和装饰细节等，都包括在内。这些方案或实景在本质上，类似于品牌车销售大厅里的真车，允许意向购买者亲自试驾体验。如果他们下单订货时对诸如车漆颜色、座椅材质、内饰面板或电子设备等，有一定的选购选配要求，必要时另付费，汽车生产商在费用和工期上应早有策略。

对标汽车销售，购房者初步选择了房屋造型和内部风格后，应能查询到两个价格，即前文所述的地价和房价两部分，具体说来：其一是房屋所占空间的租赁费，相当于精细化分配的红线和限高，须有时限约定，比如二十年使用期；其二是自己选购房屋的建设生产费用（相当于购车款）。就是说，同样大小的空间使用费，可能对应许多个设计方案和多种价格级别。当然，如果价格不合适或对设计方案不满意，意向购房者还可继续挑选。当房屋建造完成后，购房者迁入新居时，也意味着进入了房屋品牌方的物业或4S维护体系，他们将长久负责房屋的修缮或后续改造。

（2）针对多层、高层住宅或高层办公楼。我国人口众多，许多城市（群）的人口密度都很高，高层房屋在我国的房屋生产中占比肯定还会长期居高不下。但随着人们对舒适度和安全性要求的增加，随着乡村发展能吸引产业迁入和人口回归，还有一些超大城市的人口疏解政策愈发到位，中国城市的人口密度会相对下降，同时也可能愈发平均化。为此，高层和超高层的住宅数量应能整体下降，多层和小高层住宅可能更适合中国城市，居住品质、社会管理和防灾救援方面，性价比更高。高层办公楼和城市酒店的数量，可能也会下降，但趋势还不太明显。无论如何，这都要求房屋建设单位提供房屋结构、外围护墙体和其他集中设备，允许购房者享受内部空间的定制化服务。

第2种情况的购房付费原则，跟第1种情况一致，也分成两部分，空间租赁和房屋建造费用。只是这时候的房屋建造费用不仅包括室内部分，还得有建筑结构、地基、墙体、电梯和集中设备设施的平摊费用。为避免所谓群租现象的出现，最好也在公共管理和设计要求上有一定考虑，违反管理规范者，需承受经济、诚信等方面的法律后果，甚至还可参照车辆"最多载人数量"的管理标准，也设定一个房屋最多租住人数的限制。前文所述新加坡公租房的相关限定，就是很好的实例。

（3）针对公共租赁住宅。房屋的所有者是地方政府，或服务于政府、市场化运作的国企。关于房屋选址、结构建造和内部风格等事项，都由他们来负责。因为工业化房屋的建造过程和资金成本相对透明，因此还可争取社会资源和社会资金的进入，也可算是中国公共慈善事业的一个类别。如此说来，租赁者只需支付较低租金，购买家具和日常用品即可入住。此类房屋的人均居住面积比较小，但也须满足日常生活的基本需求，适合城市低收入群体、城市务工者或刚参加工作的年轻人租赁。

需要说明的是：①租户只需支付租金，不再明确土地租金和建造成本，但租金在本质上是两种费用的合并；根据房屋的地段、面积、新旧程度和服务内容等，房屋租金应有差异，但此类房屋毕竟有公益属性，因此管理部门有指导价格或参考价格。②相对于中国人居住环境改善的整体背景，此类房屋的品质要求也应提升，必须符合"万维社群"模式的基本要求；周边也有教育、医疗、养老等公共服务机构；其他公共服务设施，可免费或付费使用。③因为房屋租户的人员多样、变动频繁、密度较大，只要管理规范，这类社区反而可能是城市中最具活力的地区，而且也是城市竞争力和劳动力多元化的最佳保证，因此这类房屋的周边街区可能是城市烟火气的最佳呈现场所，而这一点是目前"经济适用房"和"公租房"等建设中，难以想象的优势。④当然，居住于此的住户必须严格遵守居住要求，比如不得破坏房屋结构或原有室内设备或装修，必须遵守更加明确的公共行为准则，如不得引发噪声污染等，因人口密度大，是否能养宠物及宠物类型也需讨论。⑤年轻人可能希望自行装饰房屋，那么在居住范围和租金价格上可以体现，不失为一种新的"房屋产品"类型。

3. 设立房屋牌照，丰富数字平台

前文已述，汽车牌照是个很棒的发明，通过它，产品销售和使用者之间被插入了"第三方"系统——公共管理体系，而且还能把生产商的责任、产品质量和使用者的职责权利统一起来，可以追溯、可以究责。在燃油车时代，汽车的发动机号和汽车牌照，成为汽车制造商的产品责任和车主驾驶责任之间联结的最佳接口（见图4-1a、图4-1b和图4-1c）。

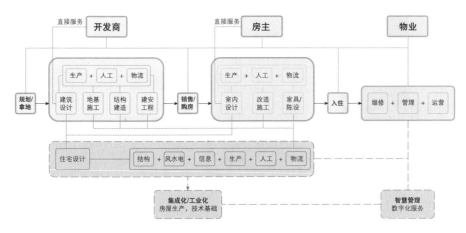

图 4-1a　住宅建筑现行建造流程示意图
资料来源：作者自绘。

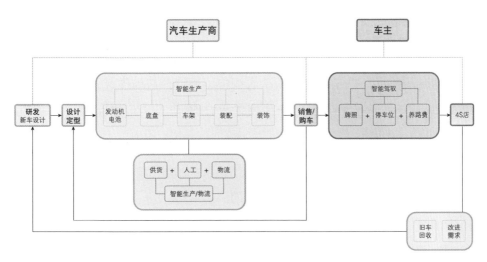

图 4-1b　对标汽车生产流程 1——汽车制造产业示意图
资料来源：作者自绘。

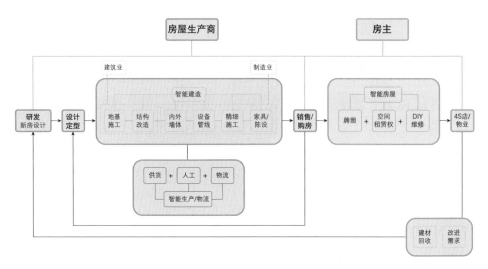

图 4-1c 对标汽车生产流程 2——住宅制造产业示意图

资料来源：作者自绘。

如果我们在销售或出租房屋时也伴有"房屋牌照"，就能把关于房屋使用的"公共管理体系"也纳入进来，把房屋相关的信息都整合起来。具体到一栋房屋或一套房屋，各种配套数据必须齐备。第一部分是生产建造时的技术数据，装修改造等信息也应被纳入其中；第二部分是各种使用、经济、维护和服务信息。当然个人和机构能在哪个入口查询到哪些信息，必须有明确的社会责任和数据安全要求。这种做法既利于相关部门对房屋使用情况的监管，也是住户维护个人权益、遵守公共秩序的依据。

服务于中国智能建造房屋体系的数字平台，不仅应类似于交管部门全国车辆管理的数据库，还应能服务于房屋生产商、房屋交易机构、房主、租户等机构或个人。

媒体中曾流行"数字孪生"一词。数字孪生不应是某一瞬时"物质世界"的数据呈现，而是不断变化的、物质世界和真实社会的多种数据信息的不断更替，是"真实世界"中不断变化的瞬时数据的堆叠。只有把房屋相关的技术、经济、法务、房主、租户、改造、拆除等所有数据整合一处，才能达成真正的"数字孪生"。所以，只有当城市的"数字孪生"具备了时间维度，或称历史维度时才真正有价值。

平台的数据库不仅可服务于开发建造商、部品生产商和普通居住者，还可成为国家经济、公共管理和行业管理部门的重要数据来源。当房屋类型越来越丰富之后，已有数据甚至可以成为帮助中国人生活空间AI设计和建造系统的基础数据。当数字平台越来越复杂、越来越丰富时，网络架构、行政管理、数据安全等要素，都需要团队来专门研究和落实。

二、从建造业到制造业：回归中国传统营造思想

今天看来，中国古代大型建筑（群）的营建，几乎就是一种"预制化＋装配式"的建造过程。其在建筑部品化和建造流程的严格管理方面，甚至不输今天的工业化生产流程。本节试图从中国古代经典文献中窥得一二，分析一下中国传统营造思想对当代的"智能建造"体系是否还有指导和借鉴价值。

（一）《营造法式》的伦理和技术

1. 时代背景

《营造法式》的作者李诫曾任北宋哲宗年间主管营造的将作少监、将作监丞及右朝议大夫、中散大夫等职。就是说他是官员身份的营造业从业者。因工作原因，李诫曾亲自主持了许多重大工程，包括开封府廨（官署）、太庙等大型项目。《营造法式》一书，总结了北宋及以前的建筑工程和制作技艺，详尽记载了各种建筑物的尺寸规格、部品构件，各工种材料工艺和规制要求，还记载了不少建筑营造的管理制度和管理方法等。

在北宋中晚期，官方建筑工程中存在很多问题，主持营造的官员常虚报工料、偷工减料、中饱私囊。神宗朝推行王安石变法，其中有一项就是要打击建筑业的这种腐败行为。宋神宗就敕令主管官方营建的部门将作监编纂一套"营造法式"来管控建筑工程的预算。但拖拖拉拉地，编写工作直到哲宗朝的元祐六年（1091 年）才完成，而且编写质量不佳，操作性不强。于是到了绍圣四年（1097 年），哲宗又敕令将作监重编，这一次的编写任务交给了将作监丞李诫。李诫本人的工作勤谨认真、追求实务，当时已在将作监工作八年，营建经验非常丰富。历经三年，到元符三年（1100 年）成书，崇宁二年（1103 年）印刷完成，这就是今天看到的中国古代建筑史中至为重要的书——《营造法式》。

《营造法式》并不是工程师和工匠的工作手册，手工业时代的工匠们有自己的交流方式和工作流程，绝非依靠印刷品来工作。本书其实是服务于政府管理部门的，帮助政府官员了解施工流程、营造工艺和计算成本，当然也便于检查工作、审计经费和追究责任。

表面看来，《营造法式》是一部工程技术和工程管理著作，但从时代背景和作者的出身来看，事情并不这么简单。《营造法式》成书于商业文明发达的北宋时期，中唐以后科举制度愈发完备，印刷业发展迅速，著书立说风气兴盛，直接促进了士人阶层的崛起，为宋代思想理论建设奠定了丰厚的人才基础和社会基础。两宋时期的政治逐渐摆脱了此前依靠宗教教化治理社会的传统，并开始扭转汉唐以来逐渐偏离的儒家学说。北宋文人的一个重要做法就是通过对先秦经典进行疑古辨伪，来矫正东汉以来宗教文化对先秦传统的误读或曲解。《营造法式》中大量引用了先秦典籍，无疑受到了北宋时期整个学术界上溯先秦范式的影响。

李诚出身官宦之家，他的父亲和兄弟做官的风评不佳。李诚本人似乎与他的父兄不同，当时人们就认为他才干过人；后人还有评说，认为他是被埋没的科学家。

李诚在《营造法式》中，不仅详细记述了行业已有经验，其实也体现了他的自然观、社会观和文化观。或许李诚自己就认为：建筑营造工程是国家和朝廷的大事，足以承载各种自然伦理观念；把工程技术纳入文化视野，或许才是他最大的"野心"所在。

2. 材分制度

李诚有着丰富的工程经验，通过"功限"和"料例"来计算人工、材料和成本。"功限"指用工定额，"料例"是用料定额。这二者也是书中最重要的工程线索。书中先大致介绍了房屋类型、重要部件，可视为房屋营造的工作总则；然后介绍了不同材料门类的工程做法、大小及比例关系等；最后说明不同材料、不同尺寸做法的工作量如何计算。

从书的体例和内容可以看出：李诚的营造思想是以"部品化"为基础的，多种标准化的材料、造型和尺寸的部件，经自由组合而千变万化，让艺术性、礼制化、工程实践和材料预制完美结合。更进一步说，"部品化"的营造方式与机械化的生产方式本身并无直接关联；部品化跟工作规划、生产效率、流水线生产方式和精细化的组织能力，才更紧密关联。而机械化生产方式只是更好地利用能源、生产效率更高而已，它革新的主要是生产方式、技术手段，它与工程思维和技术哲学的变迁，并不互相锁定，也非一一对应。

关于材分思想的具体表现，各种专业文献中常以大木作的标准化体系来举例。本书也沿用这种方法，《营造法式》从大到小规定了八个等级的标准尺寸单位，被称为"八等材"（见图4-2），相当于房屋营造"标准化构件"的八个尺寸体系。按照"材"的规定尺寸，就可以批量化地生产各部分构件，然后现场组装起来即可。其他石作、瓦作、彩画作等的工作原则与大木作基本一致。

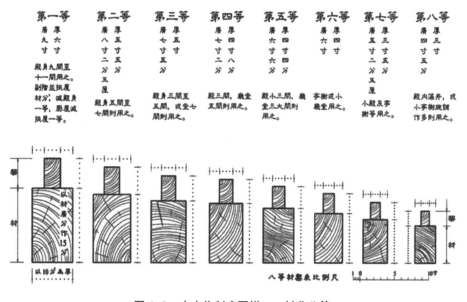

图 4-2　大木作制度图样——材分八等

资料来源：梁思成著.《营造法式》注释［M］. 北京：生活·读书·新知三联书店，2013，468。

3. 文化观念

通过"材分制度"能更好地理解《营造法式》。

中国古建的伦理等级表达有许多方法，材分制度是连接工程技术和伦理礼制的最重要途径。一般说来，越是高等级的房屋建筑越高大，当然就倾向于选择尺寸大、等级高（如第一、第二、第三等）的"标准构件"来建房。再配合材质、色彩、图案和脊兽等更直观可辨识的造型，就能更直观地表达建筑等级。

还需补充说明两点：①材分的等级与建筑和使用者的等级未必一一对应。就是说，皇家建筑可选用一等材，也可选择第二、第三等材，皇宫中不太重要的房屋还可选择更低等材。因此，可以大致理解为社会伦理等级决定了可以选择的材分等级的上限，而非必须如此。只有这样，才能既表达等级规制、满足空间功能，还能形成高低错落、优雅壮美的建筑群落。②材分制度规定的"标准构件"的等级规定只能是从高到低、从一到八，绝不能反过来，否则就是大逆不道了。

通过《营造法式》的"材分模数制"，推动中国古代（官式）建筑营造活动跨入了一个以制度化、标准化、预制化为特色的历史阶段。但与此同时，《营造法式》一书，并没有要求在具体的营造活动中固守成规或不可变通，而是将"权变"思想（权衡变通）注入工程实践中。举两个例子：

例子一：北宋定都东京（今河南开封）后，皇宫是利用后周宫殿改扩建而成的。宫殿群坐落在闹市区，寸土寸金，因此北宋皇宫在规模和形制上无法再仿制汉唐之风那样舒展辽阔。北宋都城营造时就把皇宫前的御街打通，在街道两侧水域内遍植荷花等植物，沿街两侧整齐布置一系列建筑群，颇为气派，称为"千步廊"。这一"权变"之计竟成为明清宫殿建筑"千步廊"的蓝本。

例子二：《营造法式》中规定，建筑如采用斗拱结构，其榫卯既可左右、前后相接，又可上下相叠，还可有序错落，便于建造出八角、六角、圆形、扇形等特殊造型的房屋，只要满足建筑造型、比例和尺度要求即可，对工艺做法不作硬性约束。

李诚的权变思想，用今天的话说就是"因地制宜"和"具体问题，具体分析"。这种思想观念主要来自李诚的工程实践，刚性太强的制度条款的确不能深入工程操作的边边角角，手工业时代和机械化时代均如此。作为一位务实的工部官员，他有责任把工程中的真实经验纳入书中，既让官方决策的信息更准确，也得给工匠们在工程操作中留有余地。

让我们回到今天中国的"智能建造"，可以从以下三个角度来思考。

房屋生产中可能遇到各种特殊情况，在工艺流程、材料、成本和人员安排上应留出余量，这样才符合常规工程经验。今天的工业化、数字化和智能化生产体系的准确度要高得多，但越是技术水平高，技术复杂度也高，可能出问题的节点也可能更多，所以李诚的观念至今仍有价值。

李诚生活的时代是手工业生产房屋的时代，如果手工业时代就能满足大规模、标准化、流水线的房屋建造方式，那么到了今天，即使有一些特殊定制的，甚至带有艺术性的产品，也完全可被纳入当代房屋生产体系中，只要其生产流程相对独立，成果品质和成本较可控，最终能被集成到房屋成品中即可。

任何国家的"智能建造"体系都不可能一蹴而就，必须有长时间的研究、实施和优化过程，权变思想倒能提醒我们，虽然我们可以有一个相对完整的整体规划，但具体到每个阶段、每个项目时，可能还得一个个地解决问题、总结经验、探索出路。

（二）《工程做法》的斗口与模数

1. 清工部《工程做法》简述

清工部《工程做法》是清代官式建筑通行的标准设计规范，原书封面书名为《工程做法则例》，而中缝书名为《工程做法》，雍正十二年（1734 年）刊行，是继宋代《营造法式》之后官方颁布的又一部较为系统全面的建筑工程专书。梁思成先生曾说中国建筑有两部"文法课本",一部为《营造法式》,另一部就是清工部的《工程做法》。这也是今天研究我国古建最重要的两部文献。

《工程做法》是清政府为建设坛庙、宫殿、王府、仓库、城垣等建筑(群)而编纂颁发的规范性文件,既是工匠营造房屋的标准,又是主管部门验收工程、核定成本的明文依据,共七十四卷。《工程做法》的编纂团队都是工部官员①,所以清工部《工程做法》是集体智慧的工作总结和工程管理的执行手册。②

需要说明的是,《工程做法》中记录的房屋营造方式,并不是全国通行的方法:①官式建筑与民间建筑的营造本就有用材、规格、式样等差异,《工程做法》与《清会典·工部门·营建房屋规则》配套使用,可对民间房屋营造进行明确限制。②即使皇家建筑也并不完全遵循《工程做法》,比如内务府也有《内庭工程做法》和《钦定工部则例》。这些都是内部文件不外传,若想研究相关历史,还得参照清代的内务府文档,才能窥得宫廷建筑营造的更完整面貌。

2. 清代的斗口制与模数

清代文献中对房屋营造的说明中,几乎未对文化、礼制等内容进行描述,而是直奔主题地说明工法、范式、尺寸和用料。显然到了

---

① 奏请刻印时领衔官员为:和硕果亲王允礼、和硕庄亲王允禄、工部侍郎韩光基、乔世臣,内务府总管常明、海望、丁皂保等。实际参加纂修的人员,除韩光基、乔世臣、常明、海望、丁皂保外,还应有工部郎中福兰泰、托隆、依尔们,主事孔毓秀、七达,内务府郎中丁松、员外郎吉葆、营造司员外郎释迦保。

② 本书大致内容:卷一~卷二十七介绍27种不同的典型建筑物的结构与尺寸,27种建筑物均用注明比例(如"一寸作一丈")的横剖面图画出大致结构,然后用文字说明尺寸;卷二十八~卷四十介绍斗、栱、翘、昂等构成的斗科的细部尺度;卷四十一~卷四十七介绍各项木装修、石构件、砖瓦砌体、土作等的做法、尺寸;卷四十八~卷六十介绍木作、斗科、铜铁作、石作、瓦作、搭作(脚手架)、土作、油作、画作(彩画)、裱作等的用料定额;最后14卷介绍下列各作及分支丁种雕銮作(木雕)、菱花作(门窗隔扇棂花)、锯作(锯解)、锭铰作(铜铁活安装)、镟作、砍凿作(砍砖凿花)等的用工定额。

清代，建筑特别是皇家建筑、宗庙、衙署、佛寺、道观等，本身就是礼制的承载者。而本书的编写者和使用者主要是工部官员，即使不是科举入仕者，也是熟读经书的皇亲贵胄，自然无须在礼制规范上多费笔墨。

清工部《工程做法》中最重要的一点是"斗口制"的使用。宋代的材分制中有"材、契、分"之分（见图4-3），其设计逻辑有点儿像秤砣。秤砣本身大小不一、重量成级差，用大小、数量和重量不同的秤砣来称重，就是秤砣的用处。宋代材分制的逻辑是用一个带有材契分尺寸的标准件，来标定每一个房屋构件的尺寸。而清代"斗口制"的设置更聪明、更方便：截取建筑上的某一特征部位、特征构件的特征长度，来确定建筑上其他各部分的尺寸，大致类似所谓"八头身""九头身"，用自己身体的一部分来定义整个身长。

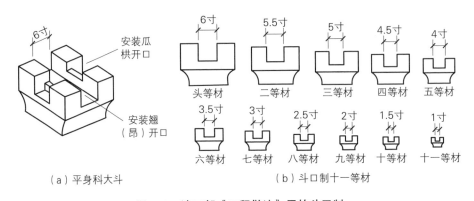

（a）平身科大斗   （b）斗口制十一等材

图4-3 清工部《工程做法》里的斗口制

资料来源：田永复编著. 中国古建知识手册［M］. 北京：中国建筑工业出版社，2013，23。

"斗口制"的基本长度是平身科斗拱的斗口宽度。平身科斗拱就是两个柱子之间横梁上的斗拱，因为这种斗拱的规制最规范简洁，其他的如柱头斗拱或转角斗拱可能有变形，反而不易标准化使用。因为斗口的大小不同，斗拱大小会随之变化；斗拱的大小又会影响柱宽、柱高、进深和高度，进而影响整个房屋的尺寸。简言之，定义了斗口的宽度，就等于基本确定了房屋的尺寸和等级。

高等级（大标号）的斗口跟高大建筑相关联、等级更高；单檐重檐、屋顶造型、装饰纹样手法等，多种排列组合千变万化，同时门窗隔扇的比例关系大致确定，可多种工序并行，关于用料、风格图案等，大木作和小木作工匠之间可顺利沟通。

从工程技术角度讲，清代的"斗口制"显然比宋代的"材分制"更方便好用，成为伦理等级、工程用料、人力计算、工期等一体化控制的最佳入口。用今天的话说，这是完全的、彻底的建筑"部品化"和"标准化"的操作流程。

有意思的是，大木作的"斗口制"与瓦作的"等级制"，有比例关系却无结构关系。以某一等级斗口为模数，可以营造完成建筑的结构体系。顶部的琉璃瓦尺寸与建筑等级也有配套规定，就是说什么等级的建筑应该配置多大尺寸的琉璃瓦，也有明确规定。其结果就是在工程实践中，琉璃瓦的制作、运输和安装，跟建筑结构的生产建造没有实质性关联。因此在生产建造时各个工种可以齐头并进。因为《工程做法》对各种材料等级的尺寸、色彩和材质也有明确规定，所以房屋最后集成营造时，完全不存在比例、审美等方面的偏差，在技术结构、伦理礼制、艺术文化上都能完美融合。如此说来，我国古建看似等级严格，融为一体，但不同材料工种的实施工程却可分头安排、各成体系，最后整装。最终成果的完整性既仰赖工匠的巧思，也需要工部官员们进行伦理、文化、审美比例关系上的经验总结，既要为各项工作留有余量，又得为建材生产和工程建设一体化考虑。坦白说，我国古建的预制化、装配式思想之高妙，其实远高于发达国家建筑工业化的既有经验。

（三）皇家营造的产业链

1. 皇家垄断的产业链

虽然古籍文献和留存实物中都可证明我国古建营造在预制化、部品化、标准化、流水线、灵活性、适应性等方面都达到了极高水平，特别是让斗口模数成为同时撬动伦理礼制和工程实践的支点。这一巧思甚至远远超越了手工业时代技术体系的限制。今天，我们在研究我国古建营造思想时，应对其有更宏观、更客观、更辩证的分析。

我国疆域辽阔、物产丰富，能工巧匠众多，经学传统深厚，统一王朝时期很长，这都是古建营造体系不断优化建设流程，提高建设效率，提升成果品质的有力保证。

但在手工业时代，高品质、标准化的营造方式很难在全社会推广，即使不是因伦理礼制的限制，在物资供应、技术传播和资金供给上也无法达成。所以，令人叹服的我国古代明显"超纲的"官式营造模式，其实一直为皇家和官式营造业所垄断，并不能广泛服务于普通民众。

今天的挑战在于，当我们学习了发达国家建筑工业化和产业化经验，研究了我国古代基于手工业最高水平的预制化、部品化、装配式营造模式，如何能借鉴他们的观念、学习他们的经验，让工业化时代、智能建造时代的我们能享受到超越以往任何时代、品质更高、形态更多样的生活工作场景。

2. 样房和算房

清代皇家建筑工程中，"业主"是皇帝本人，工部官员代表皇帝行使"业主"权利，征用或雇用工匠进行建造，费用由国库开支。工程设计之前先根据建筑物的性质，由业主（皇帝）提出使用要求和艺术标准，工部会拟出一份文件，相当于今天的设计任务书，交由样房设计。由此开始，工部和样房就成为服务工程的两套人马。

工官负责征工、征料与施工管理，对皇家工程建设进行核定、管理和监督，代表的是朝廷、官府。就是说，整个工程的筹资、设计、施工、采购等均由业主方负责，部门和官员承担全部风险。这种建造模式对保证施工进度及质量有很大作用，工部的工作范围远远超过今天的基建处。

"样房"有什么用途？皇家的宫殿园林规模巨大，园林没有"建筑师"的精心设计，没有图纸、模型等形式语言，只靠行政官员和征调来的工匠既无法快速向皇帝汇报方案，也无法整体化地进行工程管理。历朝历代，完成此工作的要么是工官，要么是工匠。到了清代，我国历史上第一次出现了专业的设计机构——样房，而且样房对工程的规划、设计和施工管理还是一体化的。也就是说，样房的工作范围、工作能力其实超越了现在的建筑设计院，要负责园林、建筑、室内、家具、陈设和装饰等几乎全部内容。

在整个施工过程中，样房里的匠师需要经常下工地，指导工匠进行施工，解决技术问题，包括解释设计、绘制施工进程图样、更改设计、监督工程、记录监督施工进度等。另外，皇帝还不时会提出新要求，因此又常有设计变更，样房匠师不得不增补、修改图纸，并注明做法。因此，样房是上行下达的枢纽，是营造活动的核心。

我国历朝历代都曾大兴土木，官方很重视材料消耗的计算。到了清代晚期，生产力有了很大提高，工商业也有了较大发展，皇家营造中出现了算房，隶属于工部营缮司。算房工作人员必须通晓建筑做法常识，专门从事经济核销，负责估工算料，但其计算依据还主要是经验式的，远达不到今天的精细化水平。

　　样房和算房是皇家工程产业链中两个专业化的核心部门，一个主设计，一个主财务，但他们都归工部管理。样房和算房的专业经验，都以家族师徒传承为主，"样式雷""算房刘"和"算房梁"，都是当时服务皇家工程的、有特殊技能传承的著名家族。

　　3. 工官和工匠

　　从古及今，几乎所有的营建项目都涉及诸多要素，包括人员、物资、工具、资金和工作流程安排等。而科技发展的大趋势就是，专业越来越细、物资品种越来越多、工具越来越复杂、资金流动方式越来越多样，参与人员的专业背景越来越复杂。

　　今天参与工程项目的人员大致分为两大类：专业技术人员和行政管理人员。其实，古代中国也是如此。在具体工程项目中，工部官员主要代表皇家或朝廷来工作，但因他们也直接参与资金、物料调配和方案审核等工作，在事实上，他们就成了项目的行政管理者。而各专业（各作）工匠组成了工程技术团队，他们按照约定的技术流程在自己的专业范围内工作；因我国古建以木作为主，所以大木作的大匠就成了工程实施的总负责人。

　　这里面有个非常微妙的社会学现象。在庞大的封建官僚体系中，匠官、匠头和工匠都是社会中下层，却是大型工程的最重要建设群体。若要这个群体保持活力、不断创新，至少需要两个方面的力量：其一，技术不断进步，群体的组织方式和每位成员都得不断学习、不断探索，才不致被淘汰；其二，相对公平公正的评价体系和成长道路，从业者的职业生涯相对平稳，利于人才成长和团队塑造凝聚力。而自清代中后期，整个国家观念愈发保守僵化，科技进步难以达成，国家财政逐渐困顿。在营造的核心技术被官方垄断的背景下，匠官和匠头的权力容易集中，技术管理过程被强化也愈发僵化，技术本身被弱化，分工越来越细致和明确，诸工匠各司其职，不必掌控全局。《工程做法》的目的就是让工匠直接照搬它来加工各类构件。这方便匠官进行工料估算和监管验收。清代各等级官式建筑的尺度和样式非常明确，每个建筑构件都是标准化的，可以分类分项甚至外包加工，营造过程十分适合采用雇佣方式。专门负责某类构件加工的工匠，因循范例即可、不需创新，程式化但效率高。对营造全局有掌控能力的匠官或匠头虽然有技术突破的可能性，但他们因为被官方笼络，成为官方意志的代言人，也日趋保守，因而也丧失了技术创新的动力。

清末营造业的没落，并不都是行业本身的问题所致，但其引发的问题值得深思。在智能建造时代，生产建设体系更加庞大且巨细靡遗。我们每位设计师、工程师、经济师、管理者、专项工人，本质上都越来越类似于清代执行具体任务的工匠，而很难看到全局，甚至也不被允许针对全局性创新来发言，那么我们的职业生涯价值何在呢？如果技术流程或数字平台出了问题，谁能发现、谁来改变呢？

（四）重塑建造业

通过对中国古建营造方式及管理模式的整体分析，我们发现中国古建的官式做法，也能给今天的工业化房屋生产提供很多启发。

1. 斗口与开间

虽然中国古建的开间模数与斗口模数有直接关系，到了清代尤为明显。但这两套尺寸其实针对了两拨人：真正服务使用者、决定空间舒适度和使用方便性的是开间尺寸和净空高度，而非斗口大小；另一方面，对营造工匠来说，斗口模数更重要，因它是加工材料、组织工程、搭建结构的基础。具体说明如下。

开间是直接服务十空间使用的，直接框定了人们在空间的活动边界和行为轨迹，而斗口和斗拱对人们的行为并无实际影响。斗拱是古建大木作（建筑结构）最重要的梁柱连接构件，后来还有了装饰作用，这种以小尺寸构件用作大空间结构和建筑审美来源的做法，甚为精巧；在今天世界各国的工业化房屋体系中，似乎没有类似经验。通过斗口和开间的尺寸变化，空间功能、审美比例、伦理等级、建筑结构、人工配置和营造成本等，就能被确定下来。

这样说来，我国古代官式建筑是一种更彻底的预制化—模数化—流水线式的生产营造体系，只是可惜我国古代一直没能自主发生科技革命、真正实现工业化和电气化。这就使得从北宋李诫时代之前就开始的我国古建营造方式发展到明清时代，无法在生产体系上获得新材料、新能源、新技术的支持或启发，只能处于"空转"状态，不断在所谓伦理等级、装饰图案上堆叠。时至今日，当我们可以更自由地使用新技术，进而探索智能建造体系时，当然会想到工业化房屋生产体系，是否应借鉴古代的工程思维和工作模式，也采用连接构件（或小型构件）和开间尺寸两套尺寸体系来实行；两套体系之间必须有确定的工艺连接方式，并由此而把所有经济和社会要素整合一处。我国古建的开间尺寸并不一样，中间的"明间"最大，越往两侧的开间（稍间、次间等）越小。这种从中间开始、两边对称且开间逐一变小的做法，完全符合审美和伦理要求，其实还增加了建造的麻烦和难度。有趣的是，这种开间的变化并不影响斗拱和斗口的做法，只涉及梁和檩的长度变化。而这种变化，居然能与两套尺寸系统无缝对接，令人赞叹！按照这个逻辑，是不是可以设想，假如我们的小尺寸系统变化不大的时候，房屋开间尺寸是否可有多种选择？这样一来，两套体系的适配性更强、成本更易控制、自由度更高。

现代结构体系中，设计师、工程师把主要精力放在柱网间距上，施工企业会按常规做法完成柱梁与楼板的连接工作。也就是说，现代建造体系中，只存在开间尺寸系统，而缺乏连接构件（或小型部件）的尺寸系统。

那么这是不是说，现代房屋生产体系中的标准化只有一组尺寸标准，那就是柱网和柱间距？至少在结构施工时，这样的尺寸体系比较便于施工和模板制作。如此看来，两套尺寸标准似乎也没必要。但是，室内设计与施工中的一些做法，或许可提供另一个视角。目前房屋建造过程中的结构标高与室内标高不同，室内施工完成后的吊顶高度与上层楼板底部标高和梁底标高也不同。人们在实际使用中，房屋结构的柱、梁、板基本都被包裹住了，用装饰面板、石材、织物、乳胶漆等等，人们真实的居住感受其实来自在土建结构内的室内施工完成后，而室内装饰材料的模数尺寸与柱网尺寸的结构关系并不大，但的确可能引发审美差异。如果我们把两者的差异和关联想象成古建中大木作的模数和琉璃瓦的模数，可能更好理解。二者有比例、审美关系，但几乎不存在结构关系，因此两套尺寸标准可共同存在，互不矛盾，各自关联自己的生产流程和工匠团队。那么在未来的智能建造体系中，是否也可采用结构体系和饰面体系两套产品模数呢？

2. 从斗口到柱网

清代斗口制中，把斗口尺寸分成了十一个等级，比宋代的八个等级更精细，计算应用起来更简便。房屋其他部位的尺寸和房屋等级，都有了便于查询和落实的操作标准。

斗口的宽度数值不仅是材料尺寸，也是材料用量和用工量的成本计算依据，甚至是伦理等级的"标尺"。同时，小木作和细木作的做法也有相似的比例关系，这就导致所有结构框架的审美比例相似。比如门窗、隔扇、落地花罩等的比例关系和具体尺寸，都跟这套大木作建筑尺寸体系有关。室内的其他家具，特别是大型家具，如炕、榻、案、桌等，也需以建筑尺寸为基础而进行适当调整。这样一来，只要安排得当，大木作、小木作和细木作，相当于建筑结构、室内装修和家具定制的工作方法可以实行"并联工作法"。即使这些专项工作不必同时启动生产，但多种设计工作必须尽早开始、通盘考虑，否则无法向皇帝说明最终成果。

有趣的是，我们今天的建筑设计、室内设计和家具制作，是分阶段进行的，采用串联工作法，这难免让人产生疑问：是不是工业化生产方式只利于单一流水线的效率提升，却对生产统筹贡献寥寥呢？

现代房屋中没有了斗口，我们是否可以把开间和斗口的计算方式合一？只用柱网间距做标准就能贯通空间功能、行为习惯、工程工序、用工数量、物流运输和成本评估等多方要求。要做到这一点，有几个必须面对的课题。

第一，在工业化、数字化生产体系中，与构造体系相匹配的构件尺寸越少，越利于提高效率、降低成本。除设计师和工程师的最初设计，还需市场优化、不断完善；不同地区、不同功能、不同性质的房屋，模数系统偏好可能有差异，还可进一步细分市场。

第二，模数的确定不仅需要适合生产安装，还得考虑材料运输相关的车辆和道路情况。另外，与厨卫的瓷砖、固定家具的匹配度也得考虑，尽量减少浪费。总之，开模数量越少，越有利于降低成本，但过少也不利于市场选择的多样化。事实上，只要市场够大、较多的模数体系也能存在。这或是中国市场的重大优势所在。任何产业链的确定，不仅是技术问题、管理问题，也是经济问题和社会心理问题。

城市、城镇和乡村的面积和空间划分模块，可大致贯通。当投资和回报的计算方式更方便时，能有效提升经济管理和行政审批效率，即使有特殊设计的建筑或内部空间，也可在常规计算基础上适当调整经济投入、物质资源、技术难度或工作周期即可。

城市规划和房屋生产中，必须留有"冗余"空间。现在的建筑，特别是常规住宅设计中，总是力图使用好每个空间、每个角落，因此常存在各种细碎尺寸，标准化的尺寸未必受欢迎，因为多少会有些角落空间不太好用。这种思维方式、评价标准其实是"反工业产品"逻辑的。工业产品总有额外的功能设定，这是为了尽可能满足所有人的要求，甚至是为了降低成本和提升价格。也就是说，产品的预设功能是使用者需求的"并集"，对每个用户而言，自然就有用不到的功能或空间，即冗余功能和空间。每个产品的销售都是按照所有功能来计价和出售的，买家得为自己用得着或用不着的功能一并付费。汽车和手机是最好的例子，工业产品总要满足极限情况下的使用，或通过附加功能来提高价位。

因此从房屋产品的生产和市场逻辑看，产品设计之初就必须在空间布局中留有"冗余"，将非常利于相同空间适应多种功能，让居住者、使用者的自主性更强，幸福感更高，房屋生产的整体成本有效降低。这里所说的空间冗余并非完全无用，而是可以多用途、自定义，类似于前文所述的日本东京多摩新城的集合住宅，每户都有部分空间可自行定义，广受欢迎。今天中国的一些商品房开发中也逐渐采用了这种设计思路。

不过在地价高的大城市或热门地段，房屋产品若占用较大空间的确价格不菲，提供几种解决思路：第一，特殊区位的房屋特殊设计，不必强求"工业化"和"产品化"；第二，即使按智能建造的常规流程生产房屋，在进行室内设计时，也能更精细化、更好地利用空间，提高生活品质，因使用了新型结构和建造体系，室内空间的分隔改造更方便、对房屋结构和周边邻居的扰动更少，当然能更有效地提高空间利用率和适应性；第三，各种设备设施的改善、数字化的模块管线等，都需要空间，为更换方便还应留出操作空间或孔隙。在考虑智慧城市建设时，必须为其留出空间和能源管线，这可能是一般购房者并没意识到的问题。

3. 材料和结构

我国古代官式建筑以砖木材料为主，建筑结构的主材是木材。古建的木框架建筑体系与今天的钢结构建筑体系最为相似，钢结构是最适合工业化生产的房屋建造体系。但是，各种工程实践告诉我们：钢结构体系，也需要建造钢筋混凝土地基；在高层建筑中钢筋混凝土的结构稳定性、防火抗灾的安全性更高；钢筋混凝土墙体的隔音降噪效果明显好于轻型材料；在许多中高层房屋建设项目中，钢筋混凝土结构的性价比更高。所以，目前工程中最常见的钢结构、钢筋混凝土框架结构，若善加利用，其生产流程、建造体系，也可适当借鉴我国古建的营造思想。

现代建筑与古典建筑的技术手段不同，不仅在用材和结构上，还在于空间功能和设备设施。因为现代人的生活方式与古人不同，室内功能的类型和内容都有较大变化。但人们常常意识不到的是，设备设施的变化及其对房屋空间和布局要求的变化，早已深刻嵌入了人类生活，甚至占据了购房款里的较大比重，比如，我国古建中也有楼梯，但受开间限制和使用频度的影响，楼梯一般非常窄而陡；现在的多层建筑中楼梯占用的面积更大、楼梯更缓，高层房屋或大型公共建筑中还要设置多部楼梯。电梯的发明的确是科技发展的巨大"福利"，电梯占用房屋的内部空间和面积进一步增加；为保证使用方便和居住舒适，许多高层建筑和公共建筑还必须配置双梯或多梯，电梯厅面积也很大。中央空调的设置因为要求各种水管和风道的连接，所以须配置多个横竖管井，各种送风口和回风口的位置设定有一定要求，为方便水管和风道的维修还得留出空间余量。此外，像厨房、卫生间一类的空间，在古建布局中通常与起居、读书、睡觉的区域分开，不能放在一起，但现在因为有各种通风、防潮设施等，只需设置防水地面和防潮隔墙就行了。现代房屋生产建造流程的复杂度和使用中的安全要求，远远超越古建体系。这给今天的设计师、工程师带来了更大挑战。

无论哪种设备设施，使用年限基本都短于房屋的结构体系；更何况随着科技发展，智能建筑和智慧城市的发展还会持续要求各种新型设备设施的加装或改造。室内常规的硬质装修，一般也会 10～20 年更换一次。那么，房屋地基和结构体系与室内硬装及各种设备设施的使用年限差异和技术升级要求，该如何协调呢？在房屋设计和生产流程规划时，针对这一点必须在经济上、材料上和安装上都有安排。上文提及的"空间冗余"其实也是解决这一问题的可靠途径。

其实，这里还隐藏着另一个问题。我们知道，为了降低房屋的建造和使用成本，人们适当聚集而居，在经济上和社会交往上都很"划算"。但当聚集程度过高、房屋高度和层数超越了某个临界值的时候，为了居住安全和方便，还必须增加许多设施、安排更多空间来满足交通、防火和抗灾要求。这不由让我们想到在智能建造时代，我们对房屋生产规模的控制，不仅应有"红线"和"限高"的概念，还必须把"容积率"降下来，或者创造某些指标来控制长住于此的人口规模。房屋的层数和限高必须下调，比如未来的新建房屋，限高是否可控制在8～10层？地价较高地区也控制在 18～20 层或更低？当然，具体限制条件，各城市还可自行斟酌。必要时，住宅、酒店等的防火、防潮等强制性条文要求应提升，既可参照现有技术规范，还可对现有标准进行深化和细化，客观上可能会进一步抑制超高层新住宅的建设。对使用者（房主和住户等）的行为应有规范，对于违反规范的住户，即使未到违法程度，也应被记入个人数字档案、进入社会失信名单，等等。

本书讨论的房屋建设新模式，预设的使用情况是这样的：若经济和技术条件允许，最好以轻型材料为主（如钢结构加轻质隔墙），但应以混凝土为外部材料来保护结构主材，这种做法可能更适合大多数中国人的使用心理。房屋能尽量抵抗恶劣的自然环境，能把对使用者的伤害降到最低，对房屋的结构和材料体系的要求应高于目前的规范标准。房屋的结构体系和外维护体系应尽量保持更长时间，可避免材料浪费、尽量少干扰街道景观和周边建筑；但内部空间，特别是设备管井、信息管线，厨、卫、卧、办等多种功能空间应有足够的升级可能性，最大限度地为改善生活品质而留有余地。

4. 客户端导向

今天的各种建设项目，甲方和乙方的责权利相对明确，主要遵守两个原则：其一，专业人员从事专业工作；其二，所有专业人员应根据项目成果、公司规章、行业规范和国家法律来获取经济收益。根据前文所述可见，我国古代官式建筑的责权利划分并非如此，主要特点有三个。

第一，投资方、财务管理、施工组织、规划设计等工作，均由甲方负责，具体说由工部或内务府负责。施工由服务于皇家工程的工匠来完成；当然，按照工时和工种，应给工匠们提供住宿和支付费用。这种做法是古代中国工匠的常规雇佣方式。民间士绅地主家里如果有宅院、园林修建项目，木匠、石匠和砖匠都可能得在雇主家中住上好几年，也是同样的道理。

第二，因为我国古建有完整的营造方式和装饰语言，所以即使是皇家项目，也不需要为每栋房子配置一位"建筑师"或"大匠"，而只需要有一位"总设计师"即可。总设计师（团队）通过统一规划，就能基本确定每栋房子的位置和尺寸了；房子的结构体系、比例关系和装饰原则大抵相当，特殊细节和设计由"样房"完成，所以不需要为每栋房子配置"大匠"了。

第三，宫廷建筑群的建设不仅需要有木材、砖瓦，还需要其他材料和原料。既然是为皇家服务，王朝版图内的所有物料当然都得首先供奉宫廷。用今天的话说，宫廷建筑的供货方和物流范围是全国性的，有时还有进口产品。在当时的生产力条件下，物料生产和运输过程中的工作条件极为艰苦。所以不加节制地从遥远地区调用物资修建皇家建筑和园林，往往被视为劳民伤财，在政治上、经济上常被诟病。但今天人们的看法全然不同：若全部物料都可全国采购，将有助于国家经济发展，形成"内循环"；还会有公司企业为靠近客户而在全国各地设分厂、库房或经销商，这也有利于本地税收、就业和经济增长。

无论如何，所有设计都直接服务于甲方（宫廷、官府或皇帝本人），是一种"以客户为中心"的全流程、全产业链的服务。在此过程中，工部官员的重要性值得关注，他们不仅能熟练地调配资源、人员，组织营造工程，还能对这些设计成果进行文化论述，达到文化建构和工程建设的完美结合。必要时，朝廷的礼部官员还会对规划和设计细节进行评价和指导。

我国工业化房屋的设计当然也应有"以客户为中心"的设计原则。依托市场经济基础，采用工业化房屋生产体系、整合产业链，尽可能高品质、高效率地完成房屋生产建设项目，才是当代设计师、工程师们应集中研究落实的工作。

在现代汽车制造业里，汽车企业不断努力来提升产品质量、满足客户要求，因此在科技创新、时尚审美或提升服务水平等方面，都需整体考虑。他们有专门的部门负责这些工作，而且部门之间要形成联动。反观现有建筑业，一直没有专门的公司或企业负责房屋的科研、生产、安装、维修和回收的全套工作流程和全产业链，各项工作细节自然无法互相联动。借用我国古建的营造经验，我们可以这样考虑：未来的工业化房屋生产也可有两套专业团队，类似于工部官员和各作匠师，有直接服务客户的人员（客户经理或市场型设计师），也有专门进行生产建造的工程师、工人技师和工程经理。这两部分人员必须通力合作才能保证工业化房屋产品既能达到技术和安全要求，又能满足每一位客户的舒适度和方便性要求。

5. 开放供应链底盘

我国古代宫廷建筑和官式建筑，在材料选择上当然可以不计工本，这可能形成某种地方特色或地区荣耀，但也可能造成物料和人力耗费，由此甚至可能引发社会动荡。从今天市场经济的逻辑上讲，从全国采选各地精品的想法完全能达成，只需要在成本费用上补偿差价即可。形成价差的原因很多，比如，材料本身价格昂贵，天然材料稀缺或人造材料的生产成本高昂；现场安装难度高或维护成本高；生产地距离建造场地太远，物流成本高，等等。

如果我们把今天的消费者想象成"皇帝"，遵循市场经济逻辑，也能找到相应的解决办法。首先，高新技术不断推广，新材料、新技术成本就会逐渐降低。总体说来，天然材料应有节制或被限制使用，还得通过理论建构、舆论宣传、审美转化和规章制度来降低稀缺天然材料的使用量；对于那些执着于天然材料的特殊群体或特殊项目，只要在法律法规允许范围内，也可采用"价高者得之"的原则，既然无法杜绝，那就引导这些高消费的资金进入产业链，引导这些资金来回馈行业科技发展。其次，不同材料构件的安装操作不断优化，选择便于维护的材料或安装组装工艺，是产品优化的重要内容，是公司企业必须长期深耕的领域。再次，对于那些需要长途运输或体量大、重量沉的构件，是否可多地设厂、设库房或专门店面，尽量保证就近供货；这对我国本土的物流产业来说绝非难事，但对企业布局、各地生产企业与本地企业的合作模式，有更多样化的要求。

与汽车零件一样，房屋建造的部品和构件也大致有两个类别：一种是行业内通用的部品构件；另一种是品牌或公司特殊定制的部品构件，因专利、材料、尺寸、工艺要求等的差异，这些部件自然也会形成价差。总体说来，价格低的房屋产品，在符合生产、建造和安全要求的情况下，通用零件越多成本越低；反过来，越是特殊设计的、艺术性强的，使用特种材料、部品和零件的房屋，建造成本越高，使用维护成本也相应提高，这恰是市场经济中品牌打造和产品价差的形成原因之一。

房屋产品的现场建造，必须依靠多种工具、机械，甚至智能机器人。每种工具的使用成本和使用耗损，也应被计入建造成本。因为房屋的建造被分成几个阶段、由几组专业团队来完成，因此每个专业团队的工具、工作流程等也应深入研究。在《工程做法》中，清代皇家建筑的计费方式（物料加人工）与工艺流程息息相关，便于行政团队的整体化管理。

再次对标汽车和手机，我国房地产建设体系成熟后，必将逐渐形成几家巨型头部企业。它们可全国，甚至全球布局，也会推出特色产品。当大品牌的房屋生产企业和大品牌的地产公司合作，便可强强联合，为我们提供更高品质的房屋和长期服务。几家巨型头部房屋生产建造企业，需要众多产品供应链和无数供货商，分布全国甚至海外。

供货商提供的就是房屋"部品化"中的各种部品构件，其标准化、预制化、定制化和通用性，均可在工业体系中逐渐成熟和完善。

三、房屋建造新流程

（一）房屋建造常规流程

假设我们把"拎包入住"的房屋称为房屋产品，那么这之前的所有设计、施工工作都能纳入产品生产的流程中。图4-4对图4-1稍作简化，对现行的房屋建造、室内装修等全过程做了图形示意，各地区、各公司企业的习惯操作会有少量差异，本图仅反映必要的常规操作。另外，为减少其他因素的干扰，本示意图未涉及房地产的商务内容（相关分析可参照第三章）。

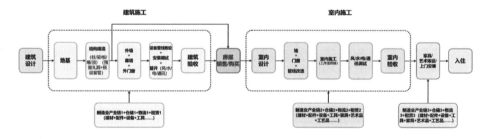

图4-4　现行房屋建造基本工作流程示意图
资料来源：作者自绘。

1. 建筑和室内被分开

从图4-4可看出，建筑施工和室内施工被明确分成了两部分，并有如下三个特点。

第一，建筑设计与建筑施工虽然都属建筑建造阶段，但通常也是分开的，因为建筑设计的专业技术含量很高，各造型和工程设计专业必须紧密配合，所以常设有独立的建筑设计机构。建筑设计单位与建筑施工单位的工作流程和管理方式都不同，也确实不利于合并管理。虽然有些大型国企和央企中也可能同时下辖设计机构和施工单位，但这些单位也常常各自独立运作、自负盈亏，因此集团内部的配合方式与各个独立机构的配合方式大致相当。还有，高级资质的建筑设计和施工资质的获得都很困难，需要多年耕耘且专业技术人员达到一定比例才能获得，每年还需要支出费用年审，对任何企业来说都是很大的资金和人力负担。

第二，室内设计与室内施工企业常常一体化，家装企业是最明显的标杆。公共装修项目中，这种做法也已占多数，因此室内设计工作就被纳入室内施工企业的版图中。对室内装修公司来说，设计师既是面对客户的服务端，又是装修施工的商务端。

第三，每次施工完成后，都有相对独立完整的技术、安全等专项检查、评估、验收，这既是技术流程的要求，也是国家对公共利益和民众安全负责的必要环节。但这种验收只能对技术成果进行评价，无法担保户型或空间布局能让买家、房主、住户满意，这是现有建筑产业模式最不符合现代产品逻辑的一点。按照产品逻辑，所有研发、生产和技术审查的目的都是给买家、用户提供更好的产品和更贴心的服务，也就是说，产品设计的着力点在市场端。而建筑设计和建造产业因其规模巨大和工序繁复，注意力一直放在生产端而非市场端。过去，这曾被认为是建筑业与制造业的重大差异之一，但现在看来，既有的行业管理模式和思路已经越来越不符合市场需求，也不利于房屋建造产业体系的重构和智能建造产业的升级。

2. 两者都涉及多材料多工序

就施工流程来看，建筑施工和室内施工两部分，都涉及多种工序、多种材料，室内施工的材料类型、品种可能更多，有更多精细化要求，不同材料工序间的交叉之处也更多。因中国的很多家庭都有过装修经历，因此并未在图 4-4 和图 4-5 中详细列出室内装修的工序细节。各种室内设计施工中，常有对已有结构、管线进行改造的情况，公共建筑尤为如此，既影响工期、成本，也可能有安全隐患，具体操作时应有结构计算或加固设计。而室内设计阶段配合进行技术调整的结构、水电等专业的工程师，很多都来自建筑设计院。仅就这一点看，目前这种建筑和室内分离、工作中不得不叠床架屋式地按规范操作，虽花费了大量时间、人工和材料，最终成果却未必尽如人意。

目前，行业内的建筑施工和室内施工企业仅以行业内较高水平的公司企业为准，相比之下，建筑施工单位的管理水平明显高于室内施工单位，原因有三个。

第一，建筑施工的风险的确更高，操作不当时对施工企业和房屋质量的影响更大，也更隐蔽。所以国家机关和管理部门历次抓安全生产，都把大部分工作重心放在了建筑企业的制度建设和完善管理上。室内施工中各种材料的技术细节更零碎，流程化、标准化的管理模式有时也难以在室内施工中持续推进；高品质的室内空间还常有特殊定制的艺术品，许多施工流程都得为艺术品让路，的确会影响室内施工流程细节的标准化。

第二，建筑设计和施工行业有行业通行的工程制图和管理软件，目前使用的建筑信息模型（BIM）系统能进一步整合项目资源。因此，通过制图标准和数字平台，行业内部信息通用性较强，行业经验可以积累和共享。而室内设计行业至今没有全国通行的绘图软件和绘图标准，不仅与建筑设计领域难以贯通，连各个室内设计公司之间也常有隔阂。不过，目前有些室内施工企业正在使用，甚至开发自己的工具软件，但大多只局限在企业内部，只针对施工管理，未进入绘图领域，尚无法形成产业级的联动效果。

第三，许多建筑施工企业已推行工地的智能管理系统，效果良好。

建筑企业能这样做有现实基础：系统能有效节约安全管理的人工成本；建筑施工的组织性、纪律性与严格的数字管理模式非常匹配；建筑施工企业的管理基础和人员素质较高，便于数字化管理系统的推进；建筑施工的周期长、规模大、产值高，能覆盖引入数字化管理系统的设备安装和人员培训的成本压力。

3. 技术界面和商务界面

正规的建筑施工和室内施工企业都有自己的技术管理和检查流程，技术检查界面的确需要以方便操作、成果可靠为准。这种检查界面，只是方便公司内部自查，还未必达到不同专业施工单位之间的交接界面。智能建造时代，无论是建筑施工还是室内施工，整个过程都可能被打散重组，分别交付给不同公司企业的工作团队来实施，因此技术界面和商务界面的统一变得很重要。

虽然目前的技术检查界面和操作细节还需调整，但调整的难度并不在于技术问题，而在于流程梳理和满足商务要求。无论是对工程师还是对商务专家来说，这都是个大挑战。因为建筑阶段与室内阶段被分开，室内阶段还被分为硬装修和软装修两部分，所以供应房屋建造的工业产业链，也不得不被分为三大部分。这一点几乎不是现有建筑业的关注内容，但在房屋建设工业化、产品化甚至数字化的时代背景下，没有制造业支撑的建造业必然无以为继。甚至从制造业的视角看，未来可能就没有建筑业了，所谓的建造业就被拆解为制造业、物流业、服务业和回收行业，而且所有专业的所有工作都可以被实时数字化，在信息平台上被相关人员、机构来追踪或管理。

从工业产业链的角度看，如果图4-4中的三条产业链能够打通，将非常利于市场竞争、降低成本和服务提升。虽然三条产业链中的生产企业和专业范畴的确有差异，但也确实有相互交叉的部分。在现有结构中，企业不得不分别在三个市场方向、三个客户圈子中寻找市场机会。而这三个圈子的下单订货方式、招标原则、评价标准等各不相同，会大幅增加制造企业的销售和服务成本；有时还不得不开发新的模具或流水线来满足不同圈子的市场需求，进一步延长工期、增加成本，最终却未必导向更高品质的房屋产品。现有行业结构可能导致行业内耗加剧、无效成本增加，而且越是加强管理越不利于跨专业、跨领域商业模式的培育。

4. 后续流程

我们的房屋建造至今都鲜少考虑房屋的改造和拆除回收。这件事倒也并非建筑业自己的问题，而涉及一个更大规模、更长链条的产业体系。如果我们力图塑造智能建造产业链，这部分工作可能对产业链的结构体系有深远影响。

（二）房屋生产与建造新流程

当我们把房屋生产建造过程看成是一个完整的产品研发、生产、建造、交付和回收过程，将会发展出一种全新的房屋产品生产流程（见图4-5）。

1. 结构体系与模数体系

目前，建筑和室内施工中使用的常规材料，其实都有自己的模数标准。但是房间模数（柱网间距），与板材模数和柱梁模数的体系并没有必然关联，建筑的预制板材和室内预制板材之间更是不同。这一现状与我国建设行业的产业模式和生产方式其实是匹配的，但若以房屋产品和智能建造的全产业链的视角来分析，问题就很大了——可能导致材料、时间和人工等多方面的浪费，不利于房屋产品生产流程的优化。

第一，结构体系与模数体系有关，但未必一一对应。任何一种结构体系都可对应多个模数体系，反过来也成立。对具体项目而言，

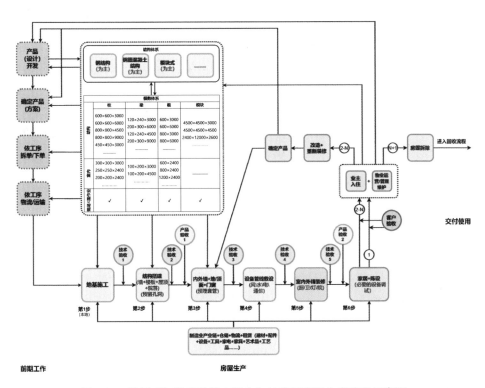

图 4-5 基于"智能建造数字平台"的房屋产品生产流程示意图
资料来源：作者自绘。

因客户需求、本地自然环境或供应链条件的不同，即使是同一个产品
形象（造型设计方案）也可能通过不同的结构体系来完成，或者允许
结构细节的部分调整，以达成更好的本地适应性。结构体系与房屋建
造技术相关，也跟施工单位的能力有关。确定模数时需要考虑的内容
就更复杂了，除房屋长宽高的具体尺寸和现场安装便利度需考虑之外，
还与工厂生产的机具设备有关，跟仓储空间、运输车辆也有关，所有
这一切还都与成本、效率和安全性有关。

　　第二，随着市场和生产的优化，房屋结构体系的模数系统必然
不断优化而渐趋简化。相应地，室内设计时不必再时常面对奇奇怪怪
的尺寸，室内装修用材的模数体系也可更集中、更简化，将有效降低

生产成本和浪费。只要打造一个良好的市场条件，就目前建筑业、室内装修业和材料供应商的专业水平和生产能力，大家共同努力就能在"自组织"条件下打造出完整的且模数适应性不断优化的产业链条，结构体系和模数体系都会不断成长变化。现有的装配式建筑体系大致有如下几种：预制混凝土体系、钢筋混凝土结构体系、木结构体系、模块化体系、集装箱体系、3D 打印体系等。但图 4-5 中仅列出了较常见的三种，未来可能还有变化。小尺寸的建筑构件，应能与室内装修构件的模数一致，便于生产运输和降低成本，对改造型项目尤其友好。

第三，图 4-5 的模数表格中还有"现场加工湿作业"一栏，是要特别强调，从工程实际出发，任何工程都很难避免现场加工或湿作业，有的因为是预制材料不完全适合现场条件，如尺寸不合适或运输有困难，有的纯粹是出于成本考虑。李诫的权变思想至今仍有价值，在智能建造体系开发的初级阶段，尤其应关注现场经验。工业化、装配式的目的不仅是省钱，还要省工，随着现场施工的用工成本越来越高，有时"省工"才更"省钱"。前文反复提到的工业化生产中的功能冗余现象很常见，此经验应对房屋产品的设计和生产有启发。如何在材料、结构、安全、节省人工之间找到平衡，也是产业链优化的重要方向之一。

第四，前文已述，房屋产品的模数至少应有建筑柱网和室内装饰面板，两套模数系统。室内板材的模数与房屋外围护墙体板材的模数，可以有关但不必然关联，毕竟涉及不同材质、不同施工工艺和内外墙体实际长度存在差异。更进一步说，中国的工业化房屋产品需要从柱网间距和建材板材两方面的模数系统研究和部品开发入手，不仅解决技术问题，还应考虑中国人的生活方式、物流运输和商务模式。这是对我国传统营造思维的回归，是更好地适应市场的需求，未来也可成为大学专业教育和研究的重要领域。

2. 生产流程及划分原则

图 4-5 中大致列出了房屋产品智能生产流程中的三大阶段。

第一，"前期工作"可视为房屋生产的"商务阶段"。客户可在房屋生产的"智能建造数字平台"的产品库中选择符合自己要求的房屋产品。产品经理将根据客户需求对设计进行微调，并在平台软件中进行结构安全计算。合同签订时，双方都对成果的造型、品质、工期、费用等有明确共识。合同签订后，项目经理会根据"数字平台"推荐的材料、设备等生产企业进行排单、下单，安排施工单位和工作流程，并协调生产企业做好物流运输。

第二，产品经理需跟进房屋生产全程，因为在理想状态下，平台上几乎能找到全产业链中所有企业和产品类别。产品经理必须根据项目要求，根据平台大数据的推荐，再结合本人的专业经验提出专业建议，与客户沟通。这项工作类似于医院里的医生或律师事务所里的律师，专业能力强，但交流能力也很重要。总之，既要保证产品的安全性、耐用性，也得满足客户需求，且让自己的公司有盈利空间。

产品经理的另一项重要工作是，要把从项目启动到产品交付的全部工作内容、产品细节、商务交往等所有数据都交给客户和指定机构，如物业公司、城市管理单位、所属公司和智能建造数字平台；当然，不同机构和个人能获得的数据内容不同，且在数据安全和管理安全上都须按规范执行。

第三，房屋交付使用后，随着时间推移还会面临三种情况。一是住户正常居住使用，并由物业公司负责管理维护，双方都会在房屋的牌照系统下继续更新数据内容。二是使用一段时间后，如果房主想重新装修或房屋易手后再装修，室内改造需求将回到产品（设计）研发或确定产品阶段，会由另一位项目经理跟进装修全程。以往数据和新数据还会汇总起来，相应数据分别服务于房主、物业和所有相关机构。就是说，如果房屋所处地段好，地基和结构的安全稳定性强，至少在六七十年间，房屋可多次装修，特别是未来的装修技术对房屋结构的侵扰将大幅降低，扰民情况也大量减少。三是无论是临近结构的使用极限，还是因为业主有新要求或国家有新的开发规划，总之当住户搬离后，房屋的拆除、回收、利废等工作将进入下一个系统。

3. 产品开发及优化

智能建造时代，基于智能建造数字平台的房屋产品开发、销售和建造，到底应如何落地完成和投入使用？本书只集中探讨一种模式，直接对标电商平台。在电商购物平台上，每家电商会把介绍产品的文字、图片、视频和各种技术数据通通放在网络平台上；平台上不仅有产品信息，还有交易信息，当然现在还慢慢衍生出社交、讨论、二手交易等功能。

智能建造数字平台上的房屋产品应该都是实物实景，就是建成了的房屋，而且房屋的造型和内部空间分隔、艺术风格等都是可以"复制"的，就是可以异地再原样建成的。从理论上讲，全国各地的用户可以买到一模一样的房屋，只是价格或建造周期有差异。但在现实中，因各地工人手艺的差距、各阶段施工管理水平不同等，即使是一模一样的图纸，建成的房屋品质，也可能多少有些不同。我们对此不必太担忧，一方面随着产业发展，这种差异肯定会逐渐减小；另一方面，即使按照现有施工方式，地区差异也明显存在，新模式至少不输现有模式。

当客户要求的房屋产品与平台已有产品相似但不一样时，客户经理可先与客户签订方案修改合同，随后组织服务于平台的设计师、工程师为其修改定制方案，并进行安全性、技术性等方面的分析优化。
待客户确认方案后，双方签订合同，即可进入房屋的生产建造阶段。
在整个流程中，客户需要另付一笔产品的设计开发费，其性质相当于
在已有软件中加上几个插件。对客户来说，为了获得让自己满意的产
品，这笔费用还是可以接受的。

如果平台的所有产品都无法满足客户要求，那就意味着项目经理
必须依靠平台为客户组建一个全新的产品设计开发团队，类似于为客
户单独开发软件。对客户而言，这种工作方式跟现行的建筑设计、室
内设计流程没有区别，但新的平台模式能让中小规模的房屋设计建造
有人接单，而且设计和施工的深入程度能做到拎包入住，这都满足了
中产阶级和中小型企业的需求，真正按照产品逻辑而生产房屋产品。

这种新模式对目前那种大型的、艺术性的、公共性的、标志性
的重大建筑并无太大影响，主要为解决那些数量更多、与普通人生活
关系更紧密的、中小型普通房屋的建设问题。因此，依托数字平台的
智能建造房屋产品，将覆盖现有建筑业不太关注的边缘地带的业务和
市场。

现有建筑业的开发建设流程中，设计几乎都是从零开始的。行业
经验的继承无法数字化及有效复制、编辑和传播。在数字平台的帮助
下，每件房屋产品的设计图、施工过程和商务交易中的全部有效数据
都留存下来。无论是潜在客户、设计师、工程师、生产和施工企业及
项目经理等，都可在权利允许范围内学习研究其他项目的经验，有时
只要"按图索骥"即可。而特殊定制产品的客户额外付费购买的设计
方案，最终也将成为房屋产品购物车中的一款产品，以后若有人下载
数据包并生产了这件产品，则经济效益除保证平台和设计师的收益外，
甚至还可依约定分配给最初下单的客户。这种模式才真正符合数字逻

辑，也真正鼓励创新。

工程师们通常更相信自己的专业能力，很难相信数字平台能有效保证房屋的稳定安全。我们应该探索一套完整的解决方案。此类建设方式只针对常规用途、成熟结构体系的中小型房屋，推展期还可进一步限制在三层以下的普通住宅，可先服务于城市郊区的新建房屋；注重商业模式、建造流程和材料结构的不断优化。充分利用数字平台的技术优势，对房屋生产从设计确定、产品供应、物流安排、施工流程、质量验收等全流程的各个细节进行数据监管，并由此可以对产品中的任何技术、管理和商务细节，进行经验总结或责任追溯。如此一来，新型工作模式可能比现行模式更加安全可靠。所有参与工作的设计师、工程师和项目经理都是有经验、有资质的专业人士，他们的工作经验和专业判断，最终也会通过建设成果的各种数据传回到平台上。当然，在项目推进过程中，每个技术和商务交接面的各项要求细节，还需各行业专家不断摸索经验，制定专业标准和法律法规。

4. "产品验收 1" 之前

在 "产品验收 1" 之前，有两个工作步骤，分别是 "地基施工" 和 "结构搭建"。每一步完成后，也都有必要的技术验收过程。为何要如此安排呢？先要说明在房屋生产建造体系中，地基施工的特殊性。

地基施工的重要性自不待言，目前的常规操作是，由建筑施工企业内有地基施工经验的工程师和专业团队根据建筑施工图来完成。若有特殊地质情况或房屋造型有特殊要求，施工团队还需在材料和施工工艺上不断创新。我国工程团队即使在甚为特殊的地形、土壤和气候条件下的施工，都有很多现成经验——这可被当成我们讨论的上限。因为我们的目标产品是中小型常规房屋，起步阶段甚至应有意选择在地质条件良好的平原地区来推行。那么即使按照行业常规经验和一般水平，只要按产品流程和技术要求来操作，即可较好地完成地基建设工作。因此，我们在此的讨论重点并不是技术和施工细节，而在于"地基施工"完成界面的划分方式。这个界面既是技术界面，也是商务界面，便于业务分析和市场竞争。

对普通的房屋产品购买者而言，人们只能理解眼睛看得见的图片或效果图，并根据这些图片和项目经理的报价来选购产品。人们会自然地认为——地基必须是稳固的，能长久耐用的。那么，现在的问题就转化为，如何不挑战客户的常规认知习惯，又能很好地完成地基施工，还得跟"数字平台"的工作模式有效对接。

本书提供几条工作思路：当客户对房屋产品有了初步意向，平台可自动计算出房屋的总体荷载、局部荷载或特殊应力区的技术数据；然后根据平台数据库中项目所在地的基础地质条件，通过计算推荐出地基设计的基本数据和地基建设的基本要求。

为了保证安全，项目经理一方面可聘请平台上有资质的工程师对图纸进行审核，另一方面可联系项目所在地有丰富施工经验的企业专家进行有效沟通；最终落实地基建造的具体成本和施工工期，综合各种信息一并反馈给客户。确定好各种技术和商务细节后，签订合同。

"数字平台"上的很多产品都未必出自本地生产商，甚至施工安装团队也可能非本乡本土人士，但地基施工最好本地化，由本地公司负责。一来他们对本地的地质情况更了解，也更易获得各种相关数据；二来一旦地基出现问题，本地团队的补救措施和行政刑事追责也更方便。

地基施工单位不仅负责地基施工，最好还负责地基的深化设计。主要是提供若干种"地基产品"来对应地基以上的"房屋产品"。因此，地基与上部房屋的连接部分，不仅是结构上的连接部分，也是商务流程上的交接界面，施工技术和技术检测方式都须严肃对待。

房屋的地基和主体结构的安全稳固，是房屋经久耐用的保证。更通俗地说，只要有这两部分做保证，这件房屋产品就可以经历多次装修改造，以适合不同业主的不同使用要求。当然，就技术流程和商务安排的方便性而言，第一步和第二步工程合并处理，由某一类公司来完整负责，可能更利于技术流程、责任划分和商务利益分配，这也是本书把"产品验收1"节点设置于此的原因。

5. "产品验收2"之前

第3步至第5步划分为另一阶段的原因有两个：一是让房屋改造和室内装修可单独成为一个业务板块，与房屋的结构体系尽量互不干扰；二是对目前建筑施工与室内施工的交叉部分进行整合，避免人员、物资、工时和资金上的浪费。所以"产品验收2"的完工界面大致相当于室内装修的硬装完成效果。通过对商务和技术因素的综合评判，日本住宅的KSI体系的确值得我们借鉴。2010年10月，住房和城乡建设部推出了《CSI住宅建设技术导则（试行）》，第一次明确了住宅支撑体部分和填充部分相分离的住宅建筑体系。这被认为是中国住宅产业推进的重大变革。在这套体系里，因为各种管线可在每户住宅的吊顶以上和地板以下平层敷设，在公共空间汇集到各种管井中，再统一排布与城市管线连接。这样一方面可让厨房、卫生间的布局位置更自由，另一方面又能让每户的生活干扰和邻里纠纷降至最低，也让房屋产品的多样性得到最大保证。

但在我国，推行CSI系统可能也有难度。

第一，日本的KSI系统中，住宅的顶部有吊顶，地面上有架空垫层，跟日本人的榻榻米生活方式比较贴合，各种不同管线分别通过吊顶和垫层进入公共区域。但在我国的许多地区，许多家庭并不喜欢这种不够硬实的脚感，会让人有不安全感，因此铺砌的石材地面和大部分地砖都大受限制，因为容易发生脆性断裂。对我们来说，要么优化地板材料，要么就让所有管线都走吊顶上部，无论哪种方式都会增加材料研发或施工的难度。

第二，无论采用哪种体系，只要采用把各种管线从每户引入公共区域再汇集一处的做法，就必然占用更多空间，管线用量也会更大，这必然意味着房屋的建设和使用成本的增加，更意味着房屋产品的有效使用空间比重在降低。

回到产品销售逻辑，即使自己用不到或不常用的功能，也必须全款支付费用，手机如此，汽车也如此。而房屋建设不仅涉及每位住户，更涉及公共安全。此外，房屋的现代化过程，就是集聚各种额外设备、器具的过程，像电梯、中央空调等都占用很大空间才能提供人们需要的方便和舒适，而其所占空间也必须纳入投资之列，也得计入购房款或租金中。

我们能做的只有两件事：买家调整观念，购房款中不仅包括自己经常使用的空间，还有保证正常生活和公共生活的各种设备、设施、管线和空间等。房屋产品研发的设计师、工程师和专家，必须不断优化改进技术和材料，让"小空间办大事"，让特定空间满足多种功能……这也是我们房屋建造技术创新的重要动力之一。

6."客户验收"之后

截至"产品验收2"，关于房屋生产的各项专业技术工作基本已完成，后续"家具＋陈设"的第6步工作，完全可在项目经理的监督下、利用现有常规操作即可完成。而且许多时候房主更乐于自己接手此项工作，当然即使如此，他们仍可依靠"数字平台"来订购产品、定制艺术品和相关服务。

"客户验收"后即可迁入新房，房屋的生产销售模式变更为业主使用与物业服务的模式。截至此时，最初配合客户买家工作的项目经理，还需整理房屋产品的全套数据资源，根据行业规范和操作常规，把相关信息分别交给买家业主、物业公司、自己公司和"数字平台"数据库等。此外，项目经理还须通过第一线的工作经历，把买家住户的意见和建议反馈给平台、公司、生产和建造企业等。如此看来，项目经理必须是"多面手"，专业能力、协调能力、服务意识和决断力必须都很强。

随着入住时间加长，业主使用和物业管理中的各种数据也会纳入房屋的信息库，进入前文讨论过的房屋牌照系统。当房屋重新装修、局部装修或易手后再装修改造的阶段，就是进入"2-N"操作流程，然后沿着"产品验收2"的流程再操作一遍。这次的项目仍会有一位项目经理跟进全程。工程启动之初，项目经理能调取、查阅房屋牌照下的各种数据，便于确定施工方案和施工细节。工程完成后，此次改造的各种数据也须汇总到房屋牌照下的数据库中。直到房屋拆除后，房屋的所有数据信息就成为数字档案，其留存和使用方式可遵循国家指导和行业政策而定。

第五章
"智能建造"
与"数字平台"

本章提要

为建设我国"智能建造"体系，还应建设自己的"数字平台"，开发各种工具和工业软件。这个"智能建造数字平台"应能完全覆盖房屋产品的设计、生产、建造全过程，服务于所有相关的企业、政府机构、专业学校和商业开发机构等方方面面。

"数字平台"不仅利于中小型常规房屋产品的快速推出，还可服务于艺术品定制、艺术化建筑设计和室内设计的创作选型、安装施工，并成为所有房屋产品类型的数据库，因而成为当代城乡建设的"数据记录""数字孪生"和"数字档案"，为国家和行业决策提供依据。

"智能建造"和"数字平台"建设愈发完善时，将彻底改变现有地产模式，而"新型地产"将是"万维社群"逐步落地的最佳途径；我国"智能建造"及产业集群，也是"城乡一体化"建设和"基建出海"的最可靠抓手。

我国"智能建造"和"数字平台"的体系建设，与新型人才培养模式将互相促进、共同进步，将对正在快速变革的大学教育形成更大挑战。

一、数字平台的服务对象

（一）建设数字平台的必要性和可能性

本书前几章在讨论"万维社群"生活方式和"智能建造"房屋生产方式时，曾反复提及工作所需的"数字平台"和数据库。我们可以称之为中国"智能建造数字平台"。

1. "数字平台"建设的必要性

当数字化渗透至建筑业和制造业的方方面面，再与各种商务领域和物业管理融合起来，必然在实际上慢慢裂解现有产业模式。无论我们愿不愿意，建造业和制造业正在整合，再根据用户需求、市场逻辑和技术能力而逐渐将其重新组合起来。这必将引发一场以数字化为底盘的，跨专业、跨行业、大规模的社会变革。

有了这个"数字平台"，能让实际工作的责任和义务都可追溯，进而能有效监督工作者、追究违规者，行业管理和公共管理的人工成本将降低且成效倍增，有利于建设更公平合理的社会。

"数字平台"对行业内现有的甚至以前的各种技术技艺进行重新梳理和数字化记录，是我们保留传统、学习技艺、研究文化的可靠手段之一，能带来全新的工作方法、工作成就和文化体验。

设计业、建造业、制造业，甚至专业教育和产品研发等，将共处于同一个工作平台，打破了现存行业壁垒。对消费者来说，这是不断获得高品质产品的好机会；对国家来说，这是推动改革、提升新质生产力的好抓手；对行业机构和专业院校来说，这是个更好的平台。

当现有工作框架被打散重组，当"智能建造"与"数字平台"体系共同成长，将为我们的年轻从业者开拓出更宽广、更自由的成长空间，让他们在属于自己的时代里大展宏图。

2. "数字平台"建设的可能性

中国现有建造业和制造业的实际水平、产业规模、行业类型、产品丰富性及物流配送体系的完整深入，能够支撑起这个"数字平台"，甚至可以说"只欠东风"。

平台的开发、使用、优化和快速迭代，有非常庞大而有力的社会和市场基础。国家的数字基建为平台的发展提供了支持，平台的发展也会为数字基建的应用找到市场。这是中国国家制度优越性的又一绝佳体现。当代科技的发展早已超越工业革命早期那种由小到大、由简单到复杂，让科技与商业慢慢融合，再慢慢发展的模式。有国家力量投入、聚集多专业人才、动用庞大社会资源，各方力量专心致志、集体攻坚，最终找到重大突破口，这是追赶他人、保持优势、加强国家竞争力的不二法门。

3."数字平台"建设的现实难度

虽然建设中国"智能建造数字平台"有充分的必要性和多种可能性，但我们还是应该对工作的现实难度有清醒认识。

首先，因为平台的使用者是跨专业、跨领域的，平台建设的技术专家与建筑、商务、法务和管理等领域的专家，如何能互相理解、有效互动、共同努力，这是个难题。当各领域专家观点不同，甚至难以预判使用结果或潜在风险时，又该如何决策，如何有效推进工作呢？

其次，未来的"数字平台"运作应是网络平台及各种基于平台开发的工具软件协同工作的模式。但美国发起的"科技战"让我们不免担忧，现在行业中普遍使用的美国软件是否会影响我们的技术安全、信息安全和国家安全？对此我们必须未雨绸缪。

最后，最大的难度在于"人"的因素。虽然"数字平台"能让大众获得性价比更高、更符合自己要求的房屋。但从业者的感受未必如此。当所有工序、工艺细节都可被追踪时，从业者工作的主动性、积极性难免丧失。而且，哪些工作可由智能机器人替代，哪些又必须仰赖有甄别能力的从业者，还需要复杂漫长的系统性工作才能完成。那些无法适应技术进步的从业者，可能不得不远离这个行业。所有这一切都将引发用人方式、培养方式的大变动。当我们决定建设"智能建造数字平台"时，就必须对可能发生的社会变化做好准备。

（二）数字平台服务公司企业

1. 主营房屋产品销售的服务型公司

上一章的图4-5已描述了依托"数字平台"的普通房屋生产建造的工作流程，而跟踪项目全程的产品经理所在的公司，就是一类以销售房屋产品为主营业务的服务型公司。这些公司能依靠平台业务而独立存在，市场上多家同类公司可形成良性竞争，共同推动行业发展。从中国的现实情况看，每个地区都可能容纳若干家同类企业，或者是全国联网的企业在多地布点，慢慢形成一种依托"数字平台"而线上线下联动的新型商业模式。对"平台"来说，无论哪家企业在哪个区域完成的房屋产品，最终产品信息都可回馈平台；过滤掉个人隐私等信息后，几乎所有产品都在不断丰富房屋产品的"购物车"，每件房屋产品的开发团队还可在后续的数据阅读和下载中，与平台分享收益。

2. 生产型企业和建造型企业

"数字平台"当然能直接服务于房屋构件配件的生产型企业，及擅长房屋建造的公司企业，而且"平台"更利于它们在平台上的有序竞争和整体进步。因为我国疆土广阔，生产型企业和建造型企业的本地化程度可能有差异。随着市场发展，这种布局方式也会不断优化。

生产型企业的跨地域销售和服务，在今天的中国已经很容易达成。不仅因为物流、仓储的发达，还在于现有建筑业和建筑装饰行业的发展已让品牌建材和机具生产企业，在全国各地都设有经销商或代理商。"数字平台"只需这些企业把必要数据放在"平台"上，并与商务交易和智能建造结合起来即可。在操作过程中，"平台"的存在并不要求替代企业的原有业务模式，可能还会降低生产型企业的运营成本。

当设计反馈和材料设备的生产物流都可依托"平台"来完成，那么建造型企业就成了一种"服务型公司"，只是这种服务的技术复杂性和整合度都比较高，而且企业也必须购买或租赁一些大型机具和智能机器人来辅助工作。既然建造型企业需要大量有经验的专业团队参与工作，本地用工、本地招聘是较好的办法，所以建造型企业会更加本地化。

现有建筑业和建筑装饰行业的许多公司企业和从业者，只要市场条件良好，原有工作还可继续保留，但也必须调整原有工作流程、工作习惯，以满足平台要求。或者反过来说，平台成为梳理工作流程、优化工作模式的重要场所。

在图 4-5 中，这种房屋建造的"服务型公司"的主要工作内容其实就是"产品验收 1"之前和"产品验收 2"之前的两大部分。实力强大的公司，可以两部分工作一起承担，更专注某一方面的企业也可独立经营。无论哪一种，从项目经理的角度看，他们都是服务提供方；而从平台角度讲，销售房屋的"服务型公司"和建造房屋的"建造型企业"都是平台数据的供货方。

3. 艺术品和工艺品公司企业

在平台供货商的门类中，除提供工程技术和商业经营的服务型公司外，还可有艺术品和工艺品门类，甚至允许艺术品的特殊定制。这样做的目标有四个：

一是随着中国人民生活水平的提升，日常生活中的艺术化产品越来越普遍，潜在市场规模巨大。

二是工业化生产体系、数字化生产平台，并不必然排斥手工制造、特殊定制，只是在产品集成过程中必须增加若干步骤而已。产品经理和建造团队必须关注艺术品的定制并监督流程，为这些艺术品的安装留出制造时间和安装空间。若操作得当，特殊定制的艺术品和工业化数字化产品的集成完全可一体化考虑。更明确地说，只有包容性更大的技术体系才更容易市场化，更市场化的技术才发展得更快。当全新系统能提供更多样化的市场选择时，即使客户买家必须支付额外成本，也会被认为是定制化服务的一环，反而利于达成更好的消费体验。

三是工艺品和艺术品的进入，将是文化产业拉动制造业、建造业的新模式；或者反过来说，当制造业和建造业找到了新的成长空间时，将能为中国的文化从业者、艺术创作者开拓出一个超大规模的自由市场。这是中国人民文化生活品质提升的形象表述，也是发展新质生产力的良好注脚。

四是常规理解的地产业就是不断盖房子、卖房子、装修和搬家，其调动产业资源和推动经济增长的途径相对单一。但在"数字平台"上发展起来的艺术品交易，将意味着数字技术推动多专业、多行业的互相加持、互相嵌入，能涵养各公司企业的跨产业融合，成为多产业协同创新的巨型孵化器。

（三）数字平台服务房主、物业

前文已述，每个有牌照的房屋或局部室内装修，都有不断迭代的完整数据。包括房主在内的相关个人和机构都可在权限范围内、以免费或付费的方式查询到与自己相关的数据。这就意味着"数字平台"可以监督业主在房屋使用中是否遵守了公共道德，在公共安全上是否承担了相应责任。这种我们可称之为"网络天眼"的模式，将对提升公共道德水平有很大促进作用。或许有人会认为，这种做法有侵犯隐私的嫌疑，但对于那些处于法律范围之外又确实影响他人正常生活或公共安全的行为，依赖"网络天眼"的监督可能是较好的途径。其本质与广布于街道、广场、小区和商业区中的"监控探头"并无不同。当然"网络天眼"的监督内容、监督范围和作用领域等，还需深入论证。

对物业公司来说，房屋基础信息非常重要，却一直缺乏可靠的资料来源。业主需要物业公司直接服务的时候，物业公司往往面对的是漏水、停电、更换设备等需求。而这些服务的提供基础是对房屋原有设计、施工、材料、设备等技术细节和确切位置有明确判定，这时候"数字平台"上房屋牌照下的各种数据信息将起到决定性作用。高品质的服务不仅是态度好，而且能提供高质量、高技术含量的服务，所有的技术服务都必须建立在准确完整的技术信息基础之上。这种可追溯的数据系统，将使中国各地物业公司的服务水平普遍提高。

依据这个"数字平台"，前文提及的"新型地产"模式可能会有更大的施展空间。这些轻资产型的地产公司，长处往往不在于复杂的设计细节和施工管理上，而在于金融投资和商业运营。因此，平台将在最大限度内解决地产商的后顾之忧。平台上的设计师和工程师还可为地产商提供专门服务，开发出新的房屋产品，甚至根据地产商的要求进行实体空间设计、工程技术开发和设备管线调整，以满足未来的经营需求。当房屋建成后，地产商还可利用"数字平台"进行招商和经营；随着业态调整，平台还可继续提供空间的改造服务。

（四）数字平台服务教育学术发展

当平台上收集到的真实案例、供货企业、商务模式等信息愈发多样，这个"数字平台"将成为所有相关专业大学教育的资料库（数据库），而且这个资料库还在不断成长、不断优化，这对大学的教学目标、教学方法、评价体系等都是很大挑战。此外，"智能建造数字平台"将是房屋生产产业链快速成长完善的有力推手，此过程还会催生各种基于产业需求的发明创造和研究论文，"平台"自然应为其创建渠道，利于成果发布和发表、便于新科技成果的市场化推广。随着"平台"在行业内外的影响力越来越大，拥有专利或学术论文多的公司、企业、大学和科研机构，自然就会成为行业领袖。这些学术成果，加上平台上的工程和商务数据，均将非常利于行业趋势分析、发展报告编写和相关政策的制定调整，也利于与大学和科研机构形成更高品质、更有效的信息互动，共同发展。

虽然平台的研究内容非常广泛，但应对"模数"有更深入的研究。前文在讨论中国古建营造思想时已经提到，中国古建的模数体系，不仅符合生产逻辑、满足建造技术，还是社会行为、伦理礼制和文化观念的承载者。这是发达国家建筑产业化中从未关注的领域，却是中国的历史文化传统。当我们拥有了"平台"大数据之后，是否能逐渐探索出一种既符合现代科技体系要求，也体现中国人社会生活习惯、符合文化传统表达的复合型模数系统，这值得研究。

总之，中国"智能建造"的模数系统研究，首先聚焦于用现代科技解决当代问题，其次应主动把模数系统纳入社会学研究领域，可能会有令人惊艳的学术成果，进而回应中国古代技术哲学。

（五）数字平台辅助标准和评估

"数字平台"上涉及的专业领域众多，不仅包括现有的设计和建筑行业，还有大量的制造业、物流业和其他商业服务行业。"平台"需要制定的标准和评估内容，不仅包括现有各行业、各专业已有的标准体系，还涉及不同工作阶段和不同专业之间在实际操作中的众多接口和交叉界面。

对于已有的行业常规，大部分遵照旧例移植复制办理即可，少部分可能还需仔细斟酌优化而便于"数字平台"的实际操作。信息边界的设定涉及太多的工程专业、商务管理和数据安全等专业，还需考虑公共利益和个人隐私的关系，因此"平台"涉及个人和机构的信息边界和接口界面的划分，其复杂度可能远超人们的想象。

（六）数字平台协助政府部门

"智能建造数字平台"的建设，应被视为中国房屋的工业化生产和"智能建造"升级的最重要一步，也是制度优势和政策有效的重要领域。

第一，这个平台的建设必须由政府主导，无论是公信力、可靠度、集成度和安全性，都应由政府主导。平台建设初期，需要政府有效的经济投资和调配专业人员参与。待平台平稳运行一段时间后，平台可进入正常运营、自负盈亏阶段。政府还需对平台的盈利模式有所约束，除平台交易获利外，应以专业咨询、技术孵化、行业活动等智力服务为主，对数据使用的商业范围、公益范围和法律边界，也应有明确界定。

第二，平台最初的一批房屋产品，需要在政府部门的指导协调下找到合适地段来推进项目落地，比如选择发达城市的城郊地区，按照"万维社群"模式做地区规划，然后按图 4-5 的模式建设一批中小型房屋，如小住宅、民宿、咖啡厅等，最好先不超过三层，然后还得按照符合市场常规的商务模式把房屋成品销售出去，落实好后续的物业管理或房屋交易等细节，再把所有相关数据按照约定分别交给个人、机构和回馈平台。

第三，项目落地后，即可邀请已参与前期工作的制造企业和建造公司入驻平台，并逐渐摸索出一套切实可行的平台企业准入标准和审核流程。

第四，政府或政府指定的机构还应主导平台上的各专业标准的发布工作，既需要对现有标准进行综合评价，又需建设新标准。评估人员和评估原则包括以下5点：一是邀请各相关领域的专家进行深入讨论，来保证依托平台的工作流程顺畅，各项实施细节和操作标准都能与平台的互联网逻辑有效贯通。二是可作为平台上的开放课题，邀请所有相关行业的从业者参与公开讨论，进行线上交流，再聘请线上评价较好、呼声较高的参与者加入研究团队、共同进行深入讨论。三是进入行业标杆企业的工作现场，了解基层管理者，特别是参与过前期平台项目建设的多领域从业者，集中了解实践经验和体会。四是将三个渠道的信息汇总，编制平台新增标准体系的官方文件，经过若干轮的中小范围讨论后再公示，待执行一段时间后，若有不当之处须尽快调整、优化和完善。五是需要制定出涉及房屋生产、建造、材料、成果产品、改造、回收等方方面面的标准体系。

第五，数据是宝贵资源，"数字平台"可据此组建"智库"，既可服务于政府部门、教育机构，也可服务于公司企业。这是平台数据发挥更大行业影响力和学术影响力的重要途径之一，当然还可由此获取一定经济收益和学术公信力。平台还可举办房屋新产品的"年度评审"活动，颁布年度优秀案例，既增加了平台活力，又激励了现有从业者，也利于实践国家和行业发展的新政策、新导向，并为行业后续工作指明方向。

第六，因有了"数字平台"，现有的各级各类行业协会的工作内容和范畴将有大幅调整。那些能顺应技术发展的协会将能对平台的数据善加利用，与平台"智库"形成良性互动，并成为平台建设和产业链完善的帮手，还能利用平台让自己协会的影响力辐射至全产业链。

第七，政府还需注重数据安全保护，制定相应法律法规。数据安全不仅涉及个人隐私，还涉及公共安全和房屋建设安全。平台所有用户（个人或机构）若违反数据使用规范，将受到法律和行政制裁。当然前提是，我们必须制定出宽严适度又便于执行的法律法规，既符合互联网数字逻辑，还得能跟上 AI 技术发展，既尊重中国人的传统习俗，也得注重科技对社会发展的重大影响。

二、数字平台的无限潜能

（一）信息技术压倒一切？

1. 主动选择和被动结果

在讨论"智能建造数字平台"的无限潜能时，我们应对即将到来的时代场景有清醒而谨慎的认知。

基于信息技术、AI 人工智能的发展而带动全部产业和整个国家的快速发展，既是我们的主动选择，也是一种被动结果。我国过去几十年间的快速发展，让我们相信科技的力量，对利用科技、融入科技、改变生活、改变社会的能力和成果都非常乐观。

每当有重大技术革新，必将引发社会变动，带来社会资源和分配方式的重组。如果国家能顺应时代及时调整政策，不断修正社会结构的不足之处，为科技发展开辟道路，不断推进公平正义和国家进步，则科技进步对社会扰动相对较低。若政府的力量不足或操作不当，将可能引发社会动荡。今天西欧和北美众多发达国家的社会乱象，都与全球规模的科技革命有深刻关联。过去几十年间从我国热点行业的变化即可窥得科技发展的变化，每次变化都意味着产业板块的大挪移，折射出国家科技水平的提升和商业热点的转移。随着产业变化，学术圈和不同专家群体的话语权、影响力也在变化，进而影响了大学的专业设置和招生热点。高校毕业生就会随着产业重心的转移而进入不同的产业体系。

但如果反过来，当技术发展减缓或停滞时，我们不光可能在国际竞争中陷入被动，也可能导致社会内部发展动力的丧失，现有社会结构趋于固化，年轻人上升通道收窄，社会既有问题被放大。既然现在人类发展重要的科技领域是信息技术和人工智能，那么我们必须抓住机会迎难而上，"万维社群"和"智能建造"是为国家建设出力的重要通道。

2. "数字界面"无处不在

今天职场中的所有人，其实都发现了自己专业领域中已经被硬生生地插入了一个"数字界面"和与之配套的信息系统。其隐含的逻辑是：数字互联网的技术特征和内在逻辑，使其进入其他专业和跨专业贯通毫无障碍。而人类社会中的各项专业知识技能和职业忠诚度的培养，在相当大的程度上缘自本专业与其他专业的区隔。所以，社会中某一专业的资深从业者，其实并不那么容易理解其他专业的工作流程和思维逻辑。而"数字界面"及其背后的信息系统却能轻而易举地突破障碍。

任何信息技术和人工智能看似无孔不入，但作为一个技术体系，它们也有自己的运行逻辑。它们可以进行数据比较，但几乎无法理解专业逻辑，因此很难完成基于专业逻辑才能作出的判断。这就意味着数字技术替代简单的产业逻辑比较方便，如电商、打车、网上订票等，但复杂产业则无法完成。

建筑从业者的重要工作，一是通过已有"数字界面"和操作流程，来理解数字互联网和 AI 的工作逻辑，初步确定其与本专业工作的适合或不适合之处；二是与应用数学家、信息工程师、软件工程师等通力合作，以本专业工作逻辑为基础，主动引导信息技术进入行业内部，把建筑行业的工作特点、历史文化与信息技术融为一体，形成全新的数字系统和与之匹配的操作流程，把建筑从业者的智慧和经验留下来；三是著书立说，把前人的成就和我们的思想都记录下来，传承下去，让我们的后辈知道在面临科技革命和社会变革之时，我们有勇气、有能力自我革新。

3. 专业人员前途未卜？

当我们大力发展新技术、新产业时，这些行业内的原有从业者将面临何种命运呢？其实大多数从事具体工作的工程师、工匠的工作范围应大致不变，至少在"数字平台"建设初期应如此。只是随着行业内部数字化程度不断加深，现场工作条件不断改善，对一线工作人员的基本素质要求有了较大变化，比如从业者对信息技术的适应能力可能显得比其专业水平还重要。

当"数据平台"和"智能建造"体系不断完善后，生产链条和建造场地中所需的劳动力数量必然减少，这对企业来说会是个好消息，毕竟用工成本能相对减少；而且经过培训的、能熟练操作设备、网络的年轻人会不断进入职场。设计师群体将发生大分流，大量从事常规工作的设计师更适合成为"项目经理"，如前文所述，投身于一种以设计服务为主要内容的服务产业；极少数有才华、有创意的设计师将进一步站上行业高峰。

以"智能建造"为基础的专业教育和职业培训，已成当务之急。但各专业院校的教师会面临较大挑战，因为这些教师的学术观念和教授内容都是在原有的技术体系中培养出来的，无法系统性地满足新要求、适应新挑战。

如果真如本书所预言，新房子是在"万维社群"和"新型地产"模式中，用"智能建造"方式完成的，则新建房屋的舒适性、个性化将令人惊艳。那么，已经变旧的房子以及花了大价钱买房的人们又该如何选择呢？

（二）智能决策的拓展

智能建造过程和房屋建成后的智能决策，大致有两个较成熟的应用领域：其一，运营中围绕着环保、节能、舒适性的智能控制，类似于一种自动化控制系统（见专栏5.1、专栏5.2）；其二，利用现有软件平台，把从施工到竣工的全过程进行数字化，跨越了产业障碍，既有效调动各领域人才和资源，也为提升产业技术管理水平、保证产品质量开创了良好局面（见专栏5.3）。

英国的BREEAM评价体系是个值得借鉴的经验（见专栏5.4）。国家机关、政府部门或各行业协会制定的相关标准，将有利于推进高新技术的产业应用。面对全新的城乡规划、地产模式和智能建造背景，这种推进制度也要慎重：一是整个标准体系的各项原则和基本要求必须一致，各分项标准间应互相支持、互相策应，绝不能互相矛盾；且各项标准必须保证可落实、可检验和可操作。二是推出新标准时须废除旧标准；不同标准编制单位推出的标准不得自相矛盾，尤其不能因标准制定单位间的行政协调不顺畅，而增加基层工作人员的工作量；互相抵触的标准，其制造的问题可能比要解决的问题还多，还会严重伤害国家机构和专业团体的公信力。三是原有标准中的许多细则在新体系中仍可保留，但要基于新的商务政策和技术体系，而对原有标准进行条文细节或整体结构的调整；标准的制定和更新也是一项工程，工期、成本和验收，都须认真对待。

专栏 5.1　智能决策在建筑设计中的应用

荷兰阿姆斯特丹的刀锋大楼（The Edge）是一座 10 层共 4 万平方米的办公大楼。大楼利用传感器收集数据，通过智能决策系统、优化能源使用和工作环境，提升了建筑的可持续性。这种智能决策的应用不仅提高了建筑的运营效率，也为用户提供了更健康、更舒适的居住和工作空间（见图 5-1）。

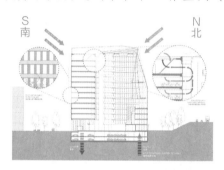

FORM EVOLUTION & DAYLIGHT ANALYSIS
建筑形态演化和日光分析

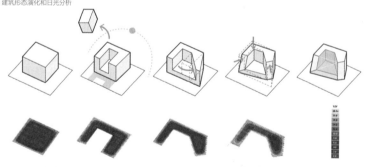

图 5-1　刀锋大楼

资料来源：维科网.The Edge：全世界最绿色的办公建筑是如何实现碳中和的？［EB/OL］（2021-6-3）. https://ecep.ofweek.com/2021-06/ART-93001-8500-30502008.html。

专栏 5.2 用户参与的智能决策

　　澳大利亚悉尼的布莱街 1 号（1 Bligh Street）是一座超高层建筑，项目在设计和施工中使用了建筑信息模型（BIM）技术，实现了从设计到施工的全过程管理，提高了项目管理的透明度和效率。项目展示了如何通过智能技术提升建筑的灵活性和适应性，满足用户个性化需求，同时促进了团队成员间的有效协作和信息共享。这种以用户为中心的设计理念和集成技术的应用，为建筑行业提供了一个创新的服务模式（见图 5-2）。

图 5-2　布莱街 1 号

　　资料来源：中国 BIM 培训网 . BIM 技术在悉尼"布莱街一号"项目中的应用案例［EB/OL］（2016-12-26）.https://www.sohu.com/a/122627424_242704。

专栏 5.3　丹麦 HOUSE 8 项目

　　丹麦哥本哈根的 8 字住宅（HOUSE 8）是一座外形像 8 字的集合住宅。它采用集约化的土地利用策略，结合临时用地和多功能复合用地，以适应快速变化的建筑需求。在销售方面，HOUSE 8 采用了线上平台和虚拟现实技术，提供更便捷的购房体验。

　　生产上，HOUSE 8 通过工厂预制和自动化技术，实现了建筑模块的高效生产和精准组装，大幅提升了建筑质量和生产速度，同时减少了对现场施工人员的依赖。运营过程中，HOUSE 8 利用物联网和智能监控系统，实现自动化和智能化管理，提高建筑的能效和安全性，取代了传统的人工物业管理和日常维护。维修方面，HOUSE 8 采用预测性维护策略，通过数据分析和传感器监测来提前识别和解决潜在问题，这比定期维修更为高效。

　　开发模式上，HOUSE 8 注重整体规划和可持续发展，采用模块化设计，为未来的扩展和改造提供了便利。投资模式上，HOUSE 8 探索了众筹和绿色金融等新型投资方式，支持环保和可持续项目，这与传统的银行贷款和私人投资模式形成对比。

　　HOUSE 8 在人员需求上也有所不同，更侧重于设计、研发和运维管理的技术人员，以及具备数字技能的人才，而不是传统模式中大量存在的现场施工人员和技术人员，我们在此项目中作用有限（见图 5-3）。

图 5-3 HOUSE 8

资料来源: ARCHINA. 专进 House 8 BIG［EB/OL］（2018–10–1）. http://
www.archina.com/index.php？g=works&m=index&a=show&id=1675。

专栏 5.4 英国的 BREEAM 建筑认证

"英国建筑研究机构环境评估方法"（Building Research
Establishment Environmental Assessment Method，BREEAM）的
认证建筑案例集，展现了智能建造技术如何对传统建筑行业
进行全方位的革新。这种革新不仅体现在建成房屋的性能和
居住体验上，更深入到工作流程的每个环节，从土地利用到
资金投入，都得到了显著的提升和优化。

在设计阶段，BREEAM 建筑利用建筑信息模型（BIM）技术实现多专业协同工作，通过三维建模和模拟，提前预见并解决潜在的设计问题，同时评估建筑的能耗和环境影响，为实现绿色建筑提供科学依据。这种设计方式大幅提升了设计的质量和效率，同时也为提升施工的准确性、精确性奠定了基础。

进入施工阶段，智能建造技术使得施工过程更加精确和高效。BIM 与物联网技术的结合，实现了施工过程的实时监控和智能管理，减少了资源浪费，提高了施工安全和质量水平。此外，预制和模块化施工技术的应用，进一步缩短了施工周期，降低了对周边环境的负面影响。

在建筑运营和维护阶段，智能建造技术同样发挥了重要作用。通过安装智能传感器，实现对建筑环境的实时监测和自动调节，提高了建筑的能效和舒适度。同时，大数据分析技术的应用，使运营者能够对建筑的使用情况进行深入分析，优化运营策略，提高运营效率。

在整体开发规划和资金投入方面，BREEAM 建筑采用了更科学和可持续的方法。通过综合考虑建筑的生命周期成本，优化投资方案，实现经济效益和环境效益的双赢。同时，智能建造技术的应用也推动了行业向技术密集型转型，对专业人才的需求也从传统施工技能转向了设计、研发和数字技术等领域（见图5-4）。

图 5-4　获得 BREEAM 认证的建筑

资料来源：友绿科技．福田金茂府 | 绿色建筑"珠峰"——英国 BREEAM 认证传奇［EB/OL］（2020-3-5）．https：//igreen.org/index. php？ m=content&c=index&a=show&catid=16&id=13255。

　　标准及标准体系的制定是国家政策、行业趋势、技术引导、经济前景、人员组织等多方要素的枢纽，最好能简便易行，至少应便于查询、执行和监测。所以，未来的"智能建造数字平台"应为各种规章规范和标准体系留有查询和公示的窗口，地方性法规也应一并呈现。在某种程度上，任何行业标准系统的完善，不仅说明行业发展水平高，也说明行业管理者的认知水平高。

　　基于房屋投入使用后的各种感应器、传输系统触发的所谓智能决策模式，随着技术和市场的发展，在中国各地的快速普及完全可以预期。真正值得探究的是基于我们的"数字平台"，是否能有更多样、更宽广的"智能决策"可能性。专栏 5.5 的工作若放在"智能建造数字平台"上，在方案确定阶段即有智能决策流程，如选择何种建造材料能保证生产和物流成本最低，或根据艺术效果、技术难度、建造成本间的众多变量，提供多种艺术效果和成本估算结果，利于最终确定实施方案。

专栏 5.5 深圳湾超级总部基地 C 塔及相邻地块项目

深圳湾超级总部基地 C 塔及相邻地块项目是一个国际案例，它通过智能建造技术的应用，展现了如何将用户需求、产品设计、生产计划、供应链协调、平台管理、售后服务等多个环节融合在一个高效的工作流程中。

项目团队首先对用户需求进行了大量的资料搜集和深入分析，以确保项目完成后能满足未来使用者的期望。随后，设计团队利用建筑信息模型（BIM）技术，进行了细致的产品设计和开发，并通过模拟测试来不断优化设计方案。在生产阶段，项目团队依据设计文件制定了详尽的生产计划，而供应链管理团队则确保了所有必需材料的及时供应。

平台管理团队在此过程中扮演了关键角色，他们负责监控整个建造过程，确保数据的准确性和流程的顺畅性。他们还需要与信息化部门紧密合作，以保障信息技术支持和数据安全。因项目的创新性和探索性强，管理团队还有大量工作要跟政府对接，获得政策支持。项目交付后，售后服务团队提供了必要的维护和保养服务，并收集客户反馈，为产品的持续改进提供数据支持。

资料来源：深圳 plus. 深圳湾超级总部基础 C 塔项目进入地上主体结构施工阶段［EB/OL］（2024-4-26）. https：//www.szplus.com/news/news/s662ba79ee4b02fe291a95099.html。

可依托"数字平台"进行技术人员的教育培训，每个项目只能选择接受过训练且考核通过的人员上岗工作。当我们在平台上选择供货商或施工团队，甚至技术工人时，因有项目成果的好评，优秀的人员或团队就显得出众，这跟网上店铺的评价逻辑差不多。

因平台上有房屋租赁和房屋经营信息，平台在长时间运营后，或许可提供关于"特定地段经营业态分析"等指向非常明确、准确的智能决策成果。

总之，目前行业内所说的"智能决策"其实更接近于数据比较或自动化控制。而"智能建造数字平台"的信息量更多，也更全面，允许开发的"智能决策"应用领域必然更宽泛，恐怕未来涉及的许多内容将超越我们的想象。

（三）个性化定制

我们在前文已经强调过，"智能建造数字平台"提供的房屋产品主要是中小规模、常用结构的常规房屋。但其实这种定位更侧重工程逻辑，而非数字逻辑。所谓工程逻辑是强调房屋生产的安全性、适应性和可操作性。若依据数字逻辑，平台欢迎所有类型的房屋产品，产品越丰富，越利于平台数据的丰富和成长。

1. 艺术品和艺术化产品

"先进技术"其实并不排斥古老技术，只要能革新工具、重新组织流程和人员，"古老技术"就能被改造成"先进技术"，这是人类历史发展的重要线索之一。

很多工程师认为，"非标准"型的文化艺术产品很难被纳入"智能建造"体系，对此可以从以下几方面来分析。

艺术品可在"数字平台"的相关板块中直接选购或定制，只要留出制作时间或送货时间即可。这种办法相对简单，是因为其与建材选购的逻辑相同。若有特殊尺寸、材质和艺术主题的创作，可以通过平台寻找合适的艺术家专门定制。这与专门定制特殊规格的建材或施工机具一样。

专栏 5.6 中集中表现了一种数字技术和现代工具如何服务"手工艺"的新方法。除石材以外，各种传统艺术、非遗工艺都需要更复杂的技术介入。早期工业化生产不太欢迎手工艺生产方式，可能是当时的工业化技术的适应性不强或其技术水平不够所致。对艺术和手工艺作品来说，材料和工艺的"不可预期性"，是其文化艺术品质的重要来源之一，却是工业化生产管理的不适应之处。像石材、木材、陶瓷类的艺术品，其纹理、肌理、光泽、图案效果等至今无法严格控制，具有不可预期性。因此，常规项目可选择更可控的材料和工艺技术，对那些有特殊要求且可适当提高成本的地方，用数字化的现代技术深度介入艺术材料的生产加工，应该是一条"小众化"的业务线索。具体操作时，也可在平台上预订产品，在施工组织中留有余量即可。此外，因这种手工业生产过程也充分数字化了，所以其艺术成果和工作流程，完全可以顺畅地进入平台数据库中。

专栏 5.6　艺术石材面板自然纹理的施工处理

天然石材的图案纹理和材料成本都很难精确把控，若少量使用只能到石材市场上购买，但图案纹样拼在一起往往缺乏美感；若非常强调纹理效果，这种办法肯定不可取。目前艺术石材在建筑和室内项目中的应用，已经把艺术匠师经验、商务操作和数字技术融合在一起，力图达成美好的空间艺术效果。

对于高等级的大型项目，当甲方和设计师确定好石材品种后，需按照石材的体积或重量，直接到石材矿山购买原石，由甲方付费。原石的采购量肯定要超过项目石材的确切用量，一来可能有些石材纹理不佳、不堪用，二来还必须把开采、运输、安装中的损耗包括在内（见图5-5、图5-6a、图5-6b）。

图5-5 杭州中家德玺尚座

图5-6a 杭州观云钱塘城 I3 公共区

图5-6b 杭州观云钱塘城 T3 公共区

石材企业会按大约 2 厘米厚度对石材进行切割，再把每一片石材进行图案扫描，编上号一并存入电脑图片库。接下来，石材企业会根据建筑师或室内设计师的方案，提供若干种石材拼接方案，而且每一种拼法作用的每块石板材都有唯一的编号。随后企业再跟甲方、设计师共同讨论，选择最优方案。不仅如此，还得有备用方案，一旦运输或安装时有石材损伤，就得按备用方案来继续施工。

方案确定后，石材企业会把选好的石材按编号运送至工地。主要的安装工作当然由现场的施工企业完成，但石材企业也必须有专人在现场负责石材拼接的品质和艺术效果监督；施工中一旦出现问题，还得及时落实补救方案（见图5-6c）。

图 5-6c　成都 SKP

资料来源：北京上石原企业管理有限公司。

专栏 5.7 的做法是艺术品级别的石材切割和安装。从建造流程看，施工时的基本原理跟常规石材的室内装修流程没太大区别，只是因为双曲面造型而使钢质龙骨的选型搭建有较大难度。真正的麻烦在于，每块石材的尺寸、曲度、厚度计算和切割，且保证石材拼在一起后，相邻石材的纹理必须连续贯通，看上去像是一整块山体开挖出来的，形成完整的空间意象。这个案例告诉我们，只要善加利用，现有数字技术已完全能满足手工艺作品和艺术化场景的建造要求；而且因工具软件和数控机具的精细度更高、能力更强大，还能达到手工业时代无法达到的艺术水平和巨大体量。

专栏 5.7 艺术石材造型的施工处理

杭州望朝中心入口大厅的艺术石材处理方式，使整个电梯厅及外墙面成为一件完整的艺术品——猛然看上去好似一整块山体被搬到了大堂中。但实际的工程做法要聪明得多，充分利用了数字软件和数控机具完成了一件巨大的艺术品（见图 5–7）。

石材企业先利用建筑信息模型（BIM）系统现场建模，然后根据模型，一方面计算结构体系再搭建钢质龙骨，另一方面还需把石材分割成一块块石板再拼接起来。因为石材表面为双曲面，所以钢质骨架的双曲造型和每块石板材的大小、厚度和曲度等都需经过专门计算，既要方便施工，还得保证强度；必要时，石板材不仅有曲度，甚至为了达到应力要求，同一块板材不同位置的厚度也可能不一样。

图 5-7　杭州望朝中心入口大厅

　　为保证石材纹理的连贯通顺，石材切割时聪明地采用了正反纹理连续拼接的方法。具体做法是：当石材切割一刀后，对开两面的石材面层纹理的连通性最佳，把它们相邻拼接在一起最好，能保持艺术效果。因为石板材是一层层切割的，所以石材可以"正反正反"一路拼接过去。当然，为保证每块石材与周边石材的纹理都能完美结合，还需对石材纹理进行比较。

　　总之，数字化模型、受力计算、数字切割工艺和石材纹理数据库，让巨大的石材艺术品得以达成。

　　资料来源：北京上石原企业管理有限公司。

2. 艺术化建筑设计作品

通过专栏 5.6、专栏 5.7 的操作方式，我们可以确定，以今天中国的建造业和制造业水平，无论是艺术化空间的特殊施工，还是高端艺术品定制,都可在"智能建造数字平台"上完成。根据图 4-5 可见,任何房屋产品的"前期工作"即商务阶段,都有一个确定方案和与技术细节相关的工作,若购买采用平台上的现成产品就意味着按照以往设计施工经验来推进,如果有艺术家型的全新设计需求,那就意味着"平台"上的设计师和工程师有更多的工作机会。从生意角度上讲,这将意味着更长的工作周期和更高的经济收益,并无不妥;而且因其更接近行业的成熟商务模式,即使在行业转型时,这种方法也非常容易推广。

艺术化建筑实施的两个最重要保证:一是建筑师设计的创新性和自由度,二是大胆使用各种新材料或非标构件。从相对保守的角度讲,这可能会造成工期和成本负担,甚至可能影响建设和使用安全;从更积极的角度讲,艺术家型建筑师是"智能建造数字平台"的推动者。

艺术家、建筑师的创意必然要求基于平台开发的设计和工程软件持续升级,以满足设计师的想象力和工程技术中的力学计算,安排材料加工、运输与安装。当工具软件不断升级后已能充分满足艺术化的设计要求时,必然能更方便常规项目的设计建设工作。著名建筑师帮助开发新建筑软件的情况并不鲜见,弗兰克·盖里在设计古根海姆博物馆时,达索系统(CATIA)的软件工程师就一直配合他工作。

如果房屋建造只用到了常规材料的非标构件或特殊造型,那么设计师在平台上找到性价比合适的制造企业并不难,甚至比现行模式更方便。如果设计师需要高新材料,通过艺术化的设计不仅验证了材料的可靠性能,还有更大的传播效果,甚至利于打造"网红"建筑,利于在平台上引入新材料和新型制造企业,便于新材料推广,使更多的设计师、业主也能分享高新科技成果。

无论如何，各种艺术化的房屋产品，待项目完成后也需提供完整的数字文件，进入平台和其他相关个人和机构中。这样一来，房屋"智能建造数字平台"还是房屋建造的"档案馆"，而且随着时间推移，数据库还会持续成长。这是"智慧城市""数字孪生"的基础，也是未来训练房屋建造 AI 系统的基础。

3. 使用者的个性化生活

今天人们能想象的智慧城市和智慧生活，通常只描述了数字技术如何让生活更方便。当人们可以根据自己的人生理想在"万维社群"中过上"游牧生活"的时候，他们可以在区位确定、房屋造型、内部空间和智能科技四个层面上获得自由。

所谓"区位获得"来自"新型地产"模式中的选址或空间租赁过程（详见第三章），其余三件事均可在房屋"智能建造数字平台"上来实现。

当然从经济规律上说，四个层面上都能获得自由，价格必然更高；若都选择常规的、标准化的产品或配置，则价格更实惠。让绝大多数人住进性价比较高、比较体面的房屋中，既是社会理想、文化理想，也是我国科技进步的重要动力之一。

（四）专业学习与研究

待"智能建造数字平台"逐渐完善之后，将成为专业学习的活宝库，主要体现在以下五点。

一是基于平台的各种工具软件、工程软件和查询系统，成为学生们训练专业技能的入口。二是各种免费和付费的设计方案，既是学生们学习各类型设计的图库，也是设计史、工程史和科技史撰写的基础数据，还是社会学家们研究中国人行为习惯变迁的最真实样本库。三是各种材料、构件企业的产品，是年轻人研究房屋建造和施工工艺的最好词典,其素材的完备和更新完全超越现有大学中的任何材料构造课,还是专业研究者和国家相关机构了解产业现状、发展趋势的重要参考依据。四是通过"数字平台"还可学习行业规范及法律法规,了解基本商业运营方式,查询专业论文和技术专利。五是"数字平台"和行业协会还可在此举办各种设计比赛,让学生们用平台上的设计软件和产品构件来完成各种房屋产品设计,既可丰富产品库,又能有效锻炼学生们的设计能力和实操能力;若举办年度产品评审,又能有效鼓励公司企业的创新。

基于"智能建造数字平台",还有一项重要的研究课题值得我们认真对待。在论述我国古建模数体系时,我们反复提到古建的模数体系非常聪明地把材料、技术、伦理和功能完美地结合在一起。那么未来在以数字逻辑为基础的新型社会形态中,我们是否还能产生一种集材料、技术、伦理和功能于一体的新型模数系统?我们对此无法作出预判,但从历史文化逻辑看,亦有可能实现,而"数字平台"这种规模的数据基础,便于各行业专家共同探索。

(五)AI训练和智能机器人

目前用于房屋建造的智能机器人还不多,能完成的工作也较有限。房屋建造机器人与造车机器人相比,明显的不同在于:一是房屋建造过程中的室外作业量很大,所以工作条件更严苛、更恶劣、更不可控。刮风下雨之时,即使中止施工,也未必能保护好设备、保护好智能机器人;二是建造房屋用的机器人得便于运输或拆装简便,重量不能太大,还得结实耐用、性价比高,否则很难受到一线施工人员的欢迎;三是因为房屋造型各异,特别是室内装修环节千变万化且对工艺精细度有很高要求,这对智能机器人的工作手臂和工具软件的设计要求都更高、更复杂。

房屋建造智能机器人的研究开发，可能还受到许多技术以外因素的影响。若基于本书讨论的有限的房屋模数、结构体系和构件尺寸，将对工序的规范化有很大帮助。在相对确定的材料、部品构件和工序体系中，智能机器人的开发使用或许更易完成。

在智能机器人普遍进入施工现场之前，现阶段或可开发一些便于现场工人操作的智能化工具，或将现有工具通过联网而开发出更多功能或开发出智能化工具（见专栏5.8）。这种做法也能在一定程度上解决用工成本和施工安全等问题。这种产品研发出来后，反而可能在国内和国际市场上更受欢迎，因其成本更低、运输和使用更方便。

专栏 5.8 碧桂园的建筑机器人

碧桂园集团的地产项目建设中引入了机器人技术，这些机器人可以执行精确的施工任务，如焊接、涂装和搬运预制构件等。机器人的使用不仅提高了施工效率，施工中减少了人身伤害的潜在风险，还能更快速地响应市场变化，满足消费者的个性化要求，是房地产行业在智能工作机器人方面的有益探索。

资料来源：https://www.bgy.com.cn/products/construction。

然而，施工企业一般缺乏研究此类工具的内在动力——既有投入成本的问题，也有工人训练的问题；投资风险也很大，比如成果不好用、无法通过产品认证或者无法适应其他项目场地，等等。所以这是一类很典型的，需要企业、大学研究机构和政府科研扶持的共同协作型的研究领域。未来是否有研究前景，尚需认真论证。

目前的房屋建设领域似乎还没开始广泛讨论 AI 建造，但长远发展下去，AI 建造并非不可能，至少可 AI 生成设计、建造、预算一体化的多种方案。今天能想象到的状态就是，只要点击确认并支付费用后，过一段时间即可看到一栋自己选择的精致的房子出现在面前。

我们目前还难以讨论房屋 AI 建造的技术细节，但不妨注意这一点：假设我们可以通过名词、形容词的描述或提供几张图片做参考，就能获得自己满意的，技术细节、设计规范甚至成本测算都符合要求的定制化的房屋产品，那么现在的设计师、工程师和生产建设领域的工人们，是不是就都成了数字平台的雇员？横亘在设计师、工程师与房屋使用者之间的是一个威力强大、漫无边界的"数字平台"，所有专业人员都围绕着平台工作。工作的本质就是为平台提供数据，"编辑"平台数据，真正让人们心里不安的并非技术本身，而是技术带来的不可知、不可控的社会图景。

三、智能建造的广阔前景

1. 从 B 端到 C 端

传统建筑行业主要服务于 B 端市场，面向公司企业、政府或开发商。这种模式的好处和缺点都很明显。

好处体现在以下三点。一是社会资源更集约。由专业的设计单位、开发建设单位负责全套工作，技术安全、经济管理和公共安全都更易达成，这也是国家紧抓安全生产的重要领域。二是当国家或行业主管单位推广新材料、新技术或新型结构体系时，这种方式的优点更明显。相应地，若严格叫停或取缔特定用材、结构和生产方式时，也基本能令行禁止。三是这种操作还有个社会心理基础。大多数民众都认为，建设高楼大厦是非常重要、非常严肃的事情，必须有大量负责任的专家、工程师的通力合作才能建好。

随着数字化技术和生产力水平的提升，现有模式的不足之处也愈发明显。一是当社会经济、技术发展后，许多郊区居民、中小型投资者、小企业经营者或工厂主想自己建设房屋时，即使能找到一块"长租"的土地，也很难在市场上找到能对接自己需求的服务单位，正规的设计和建设单位要价太高、工作周期太长，便宜的机构肯定不够正规，技术和商务上都不太可信。二是人们对房屋建造和装修改造的个性化需求越来越高，通过众筹集资的集体化改造需求也在高涨。对建设单位来说，现有技术就能完成此类项目，真正的麻烦在于法律责任和商务程序不明确。

我们上文反复提及的"万维社群""新型地产"和房屋生产的"智能建造数字平台"，其实适合服务于以上这些潜在客户。在平台建设初期，它是对现有建筑业的有益补充，既能拓展产业范围、增加盈利机会、摸索新型生产模式、研发新材料和新工艺，又能满足人民群众需求，解决社会现实问题，跟进国家的产业升级政策。

打通现有行业边界后，关于房屋设计、建造、维护、质量安全等全套问题均可通过数字平台来记录和追踪，当所有从业者和客户买家的责任义务均可被纳入可追溯的范围内，对互联网时代成长起来的中青年来说，这种方法可能更可信赖（见专栏5.9）。

专栏5.9　个人消费者的房屋建造

美国网红科技建筑公司Katerra成立于2015年，主要从事装配式建筑工程，曾利用3年时间拿下13亿美元订单，成功跻身全美25大建筑总承包商之列。2021年6月2日，Katerra宣布倒闭，一时引发哗然。

Katerra 公司通过整合设计、制造和施工流程，为个人消费者提供预制房屋。它的模式特点在于其高度的垂直整合，能够控制成本并提供定制化的房屋设计。这种模式的优势在于能够快速响应市场变化，满足消费者对个性化住宅的需求。然而，这种模式可能需要大量的前期投资和复杂的供应链管理，对于小型企业来说确实难以操作。

资料来源：https：//www.sohu.com/a/357990760_99903943。

这个以"数字平台"为基础的新体系，支持对客户的全过程、个性化服务：房屋产品可在平台上购买或定制，此后直到交房都由产品经理全程负责。若有需要，与平台合作的轻资产型的地产开发公司也可提供服务；或者地产公司直接面对客户买家，负责与平台对接的各种工作细节。客户买家可根据自己的实际需求和经济情况来要求产品的完成界面，如"产品验收 2"或"客户验收"。投入使用后的物业管理、地产经营还可由机构马上接手、无缝对接。当房屋改造、重新装修或房屋拆除时，也会有机构负责帮助房主进入下一流程。

当这套依托"数字平台"的线上线下联动系统建设完成后，大部分中国百姓都能体验到"管家式服务"（见专栏 5.10 和专栏 5.11）。同时，这种工作方法也减轻了公司、企业、厂家和政府服务部门的工作压力，让专业的人干专业的事，通过各种感应器具和 AI 计算，还能在很大程度上预见风险。这样一来，建筑业就由以服务 B 端为主的建筑业，逐渐转化为服务 C 端的服务业。从一个更宽泛的视野看，那些服务于公司、企业和政府部门的大型建设项目，本质上也是服务 C 端，只是这个 C 端不是个人，而是某个法人主体。

专栏 5.10　在线房屋平台

Livabl 是一家在线房屋平台，它允许消费者通过其网站自定义房屋设计，并通过 VR 技术在线上进行预览。Livabl 的模式强调了消费者参与和体验的重要性，提供了一种新的、具有更强互动性和个性化的购房体验。这种模式需要持续不断的技术支持和用户界面的优化，以确保消费者能够轻松地使用平台。

资料来源：https：//www.livabl.com。

专栏 5.11　个性化和舒适度

荷兰埃因霍温的智能建筑项目展示了智能建造技术如何与消费者市场的个性化需求相结合，创造出既环保又具有高度适应性的生活与工作空间。项目通过集成建筑信息模型（BIM）技术、传感器、智能管理系统和自动化技术，为居民和企业提供高效、舒适且可定制的空间，兼顾了个性化和可持续性的核心价值。

埃因霍温的智能建筑通过优化能源使用提高了能源效率，同时利用居住者行为数据来提升居住舒适度，并通过模块化设计允许空间的快速调整和重新配置。此外，这些建筑提供的定制化服务，如智能家居系统，允许居民控制照明、温度和其他家庭设备，进一步增强了居住者的个性化体验。

为企业提供智能工作空间相关问题的解决方案，展现了对不同工作风格和团队规模的适应性，而社区连接功能则通过智能技术促进了信息共享和居民间互动。这些项目不仅提升了居民的生活质量，也推动了建筑行业的技术革新和产业升级，为全球智能建造领域提供了宝贵经验。

资料来源：https://www.archiposition.com/items/20190909025357。

2. 关于降本增效

从长远和宏观视角看，科技进步必然推动降本增效。但越是在技术发展的早期，在相对短的时间和较狭窄的范围看，未必能真正达成降本增效，甚至可能成本更高、工序更复杂混乱，工人和市场的反应都不太积极。人们总是乐于传颂那些已经成功的"科技神话"，却很少关注研发初期、一切都未定之时，那些探索者的披荆斩棘（见专栏5.12）。

专栏5.12 中国建筑集团有限公司（中国建筑集团）在智能建造领域的创新实践

中国建筑集团在智能建造领域的创新实践，特别是北京亦庄京东二期5G智慧工地的建设，为全球智能建造技术的发展提供了一个值得借鉴的案例。该项目利用5G技术实现了工地现场的高速数据传输和实时监控，极大提升了施工管理的效率和安全性。此外，中国建筑集团在3D打印建筑领域的探索，为建筑行业提供了新的施工方法，这不仅能够减少材料浪费，还能加快施工速度，提高建筑质量。

深圳国际会展中心的建设则是中国建筑集团在大型公共设施建设中展现智能建造技术实力的另一个例证。该项目不仅创下了多项全球之最，也体现了智能建造技术在大型工程项目中的实际应用潜力。

资料来源：https://ccstc.cscec.com/zjkj/xwzx66/xwkx66/202205/3522896.html。

当代中国的科技进步有两大现实、可靠的支撑：

其一是我们已反复提及的制度优势。只要我国政府下定决心，就能在政策、资金、项目上有倾斜，甚至可能要求特定机构、企业参与研发。但政策优势能否转化为技术优势，恐怕并非政府机构单方面决定的，还需专业人员提出切实可行的技术路线，并据此不断深化、细化技术方案，认认真真地执行和探索，才能让制度优势真正惠及行业发展和服务大众需求。

其二就是当代人的观念基础。许多人并未意识到这一优势，而这一点才是政策得以实施、专业人员勇于创新的社会心理基础。中国人的历史教育和新中国成立以来的国家发展都告诉我们，必须大力发展科学技术，才能保家卫国、改善生活。如何顺应这种观念、不辜负民众期望，努力找到适合我国社会深层逻辑的产业模式，是我们必须攻克的难关。任何重大科技都不仅是科学技术的革新，行为模式、大众心理、程序管控，甚至社会结构也面临重大调整。

就"智能建造"和"数字平台"而言，为了真正做到降本增效，至少应在如下几个方面有所作为。

一是数字平台的重要性和必要性自不待言，但平台的"数字基盘"和基于此开发的工具软件和工业软件，必须中国化、本土化。现实教育了我们，无论花多长时间、多少心血、多少成本，只有抓在自己手里的"数字化"科技，才能完整地、安全地为我们所用，实现我们的理想。

二是各种材料构件、产品的标准化、通配性和适应性是必需的。

这种做法既符合工业化的生产逻辑，也符合我国古建的构件连接逻辑。人们需要讨论的其实是全产业链规模的技术方案和实施路径，不应再局限于单一行业或特定企业中。

三是应充分发挥我国全产业链的制造业优势，不仅应注重建材构件的生产，还须关注建设工具机具的开发升级。在智能机器人广泛普及之前，效率更高、操作更方便的工具机具将有很大市场潜力，不仅在国内，未来也可能沿着"一带一路"在其他国家推广（见专栏 5.13）。

专栏 5.13 新加坡樟宜机场 5 号航站楼

新加坡樟宜机场 5 号航站楼的建成，不仅提升了新加坡作为国际航空枢纽的地位，也展示了智能建造技术在提高建筑质量和效率、降低环境影响方面的潜力。

航站楼的设计采用了大量创新技术，包括自动化和模块化的建造方法，使施工过程更加高效，并且减少了对环境的影响。航站楼的设计注重乘客体验，利用智能系统优化了乘客的流动和安全检查流程。

在施工过程中，项目团队使用了建筑信息模型（BIM）技术来模拟施工过程，确保了设计精确性和顺利施工。此外，航站楼的建设还考虑了能源效率和可持续性，采用了太阳能发电和雨水收集系统，减少了对外部能源的依赖。

资料来源：https://www.archdaily.cn/cn/988348/kpf-he-heatherwick-studio-jiang-xin-jia-po-ji-chang-de-di-wu-ge-hang-zhan-lou-she-ji-cheng-ge-she-qu-qun-luo。

四是工业革命引发的社会变革告诉我们，现代科技发展的重大结果之一就是社会关系会随着技术逻辑变化而被重新组织。工厂中的流水线日益普及时，社会中的每一位工作者都被放在功能性和流水线化的社会管理体系中，被赋予了新职能、新形象。当互联网技术发达后，人类个体的自由度似乎得到了加强，因为我们处于一个更广阔的社会网络中。这是一个功能性更多样、流水线组合更复杂的系统。这就意味着，当房屋部品构件的标准化、通配性和适应性发展愈发成熟后，对产业链中各岗位上的人员要求，也越来越类似于房屋的部品构件，兼具标准化、通配性和适应性的专业人才必然更受欢迎；只擅长单一领域工作的从业者，很可能在某一天就会被机器人所替代。因此为应对新技术和新时代的挑战，专业教育和行业内的继续教育都很重要。

3. 数据安全支持生产安全

智能建造和智能管理过程中，人们已经意识到了数据安全的重要性，而且已在信息技术领域做了多种探索，但这恐怕还很不够。在正常使用条件下，数字平台的广泛使用的确可有效提升工程安全和使用安全水平，最常用的手段就是数字追踪。其基本逻辑是在工程建设和房屋使用中设置必要的硬件和软件系统，在"数字平台"上形成所谓"数字天眼"，这将使大多数从业者、使用者和经营者都更加谨慎，加强自我约束，必须按照行业标准来操作、按照社会规范来行事。这就意味着，即使房屋建设的"生产端"因数字平台的存在而适当开放，也未必增加房屋生产的安全隐患；而且因为能追责到人，或许还可能减少伤害（见专栏5.14）。

专栏 5.14　智能电网控制中心的网络安全事件

2015年12月，乌克兰电网遭到网络攻击，造成数十万户家庭断电。这被认为是首次已知的成功攻击电网基础设施的实际案例。

2016年12月，美国东北部某电网控制中心遭遇网络攻击，导致部分区域供电受到影响。相关调查发现，攻击者可能通过控制系统网关进入内部网络。

2019年3月，美国能源部下属的国家电网监控中心遭受网络攻击，造成部分监控设备瘫痪。负责人承认这是一次相当严重的网络安全事故。

2020年，美国多个州的电网系统遭到网络攻击，导致系统部分瘫痪。调查发现，攻击者利用远程访问漏洞进入控制系统。

智能电网控制中心遭受的网络攻击事件表明，随着建筑系统越来越依赖于信息化技术，数据安全和网络安全成为不可忽视的问题。建筑行业也必须加强数据安全管理，保护关键设施免受网络攻击。

我国在这方面也作出了重要探索，例如广东省住房和城乡建设厅"基于大数据的城乡建筑群安全评估与决策系统研究"提出了一体化集成的房屋建筑群安全监测评估系统，涵盖了建筑结构、附属结构、消防、机电设备等多个方面的安全评估子系统。其中，基于结构动力指纹的损伤识别方法，通过神经网络技术建立了结构动力特性与损伤之间的非线性映射，提高了方法的适用性。

资料来源：AET电子技术应用.北美电力行业深刻反思SolarWinds供应链攻击事件的教训并发出警示［EB/OL］（2021-7-12）. https://www.chinaaet.com/article/300013497310。

房屋建设的安全隐患并不只在于平台数据应用和数据库的安全，还在于工程建设方式的剧烈变化中：目前的工程安全，主要靠设计、生产和施工团队严格执行各种规范制度来达成，安全性由从业者的素质、责任心和管理水平来决定。而在智能建造时代，虽然对所有从业者的安全要求可以保持不变，甚至因为无处不在的"数字天眼"还可进一步督促从业者。但无论他们怎么努力，他们对工程质量、工程安全的作用只是相对次要的。

我们希望技术发展和安全使用能相辅相成，但在某些情况下二者是相互抵触的。技术不可能解决所有问题，哪怕到了数字 AI 时代，也仍然如此。各行业的专家和从业者，必须与"数字平台"共同成长，在生产实践中不断探索，迄今为止，这仍然是人工智能无法替代的工作。目前看来，除利用信息技术保障"数字平台"的安全运行之外，还有三方面的工作要做。

一是根据设计、生产和施工流程的特殊节点，在"数字平台"上预留数据接口，让工程师可根据现场情况对工作流程、既定的设计方案、材料选型和施工计划等进行修正；此时，系统中的已有数据便于工程师团队现场决策；现场问题解决后，其相关数据也将进入平台系统。二是目前建设领域，规划设计阶段就会为火灾、地震等突发灾害做好预案，留好逃生通道，做好结构选型，国家还有严格的验收流程来检测成果。那么，"数字平台"的建设是否也可参照这一观念，也为突发的数据灾难和工程事故等留出"制动阀门"或"逃生通道"。三是任何安全防范措施都不能忘记"人"的因素；若对专业人员和房屋使用者有相关的"自救训练"和"逃生演练"，或将有助于识别潜在的技术风险和有效地应对风险（见专栏 5.15、专栏 5.16 和专栏 5.17）。

专栏 5.15 阿联酋的 BEEAH 集团新总部大楼项目

阿联酋的 BEEAH 集团新总部大楼项目，在设计和施工过程中采用了先进的智能建造技术，同时也特别注重数据安全策略的制定与实施。

项目中保证数据安全的做法有如下四个方面。第一，项目团队采用了数据加密技术，对所有敏感信息进行了高标准保护，无论是在数据传输过程中还是存储于服务器时，都确保了信息的安全性。第二，项目还实施了严格的访问控制机制，通过精细的权限管理和身份验证措施，只有经过授权的个人才能访问特定数据集，防止未授权的访问和数据泄露。第三，项目中还融入了智能化监控系统，实时监测数据访问和使用情况，快速识别和响应潜在的数据安全威胁。第四，项目团队还定期进行数据安全培训和演练，增强团队成员的安全意识，并确保他们了解最新的数据保护技术和流程。

资料来源：https://www.archiposition.com/items/20220401074725。

专栏 5.16　挪威的"未来建筑"计划

挪威的"未来建筑"计划是一个展现数据安全重要性的国际案例，该计划以奥斯陆歌剧院的建设为例。

在项目中，通过遵守挪威和欧盟的数据保护法规，项目团队采用了高标准的数据加密技术，对敏感信息进行了严格保护。此外，项目实施了精细的访问控制政策，确保只有授权人员才能访问和处理数据，有效防范了未授权访问和数据泄露的风险。

歌剧院项目还需定期进行数据安全审计，以识别和修复潜在的安全漏洞，并通过员工培训增强了团队对数据保护的意识。这一系列综合性的数据安全措施，不仅保障了建筑项目中大量设计、施工和运营数据的安全，也保护了涉及个人隐私和企业商业机密的信息。

资料来源：https://www.archiposition.com/items/20190912085318。

专栏 5.17　美国的"边缘城市"项目

美国的"边缘城市"项目，是一个高度集成的智能城市开发计划，旨在通过智能建造技术实现城市的可持续发展和高效管理。在数据安全方面，该项目采取了一系列的策略和措施，以保护建筑项目中产生的大量敏感数据。

"边缘城市"项目在设计和建设过程中，大量采用了建筑信息模型（BIM）技术，实现了建筑信息的三维可视化和全生命周期管理。项目团队通过建立一个集中的数据管理平台，对所有建筑信息进行集成和分析，同时确保了数据的安全性和隐私性。此外，项目还利用了物联网技术，将建筑设备和系统连接起来，实现了实时监控和智能控制，这进一步增加了对数据安全的需求。

在数据安全的实施策略上，项目采取了以下措施：

● 实施了端到端的数据加密策略，确保所有传输和存储的数据都得到保护；

● 采用了先进的访问控制和身份验证系统，限制对敏感数据的访问，只有授权人员才能进行操作；

● 定期进行安全审计和渗透测试，以识别和修复潜在的安全漏洞；

● 对项目团队进行了数据安全和隐私保护的培训，增强了他们对数据保护的意识。

在智能建造技术不断推进的同时，数据安全已成为项目成功的关键因素。通过采取有效的数据保护措施，可以提高智能建造项目的可靠性和公众信任度，有效推动智能建造技术在全球的广泛应用。

资料来源：https://www.thepaper.cn/newsDetail_forward_1718887。

4. 追踪碳排放

几乎所有"智能建造"项目，都有追踪和控制碳排放的能力，这甚至成了推行智能建造方法的重要动力之一（见专栏5.18、专栏5.19），主要体现在以下几个方面。

第一，对中国的各设计院和建设企业来说，追踪、控制碳排放和智能建造体系建设，是落实国家环保政策和推动产业升级的可靠途径，也是行业自我革新的重要手段。

第二，智能科技与传统产业不断融合、快速发展，将引发中国建筑行业思维观念的深刻变革，那种粗放型的工作方法将越来越不合时宜而被逐渐淘汰；而基于数字平台、全程追踪的、可监控型的房屋生产新模式和对用户行为规范的有效约束。

第三，在大多数中国人眼中，环保是个技术性和操作性的议题，但在国际话语中并非如此。20世纪90年代，这是个推广西方高新技术和价值观念的议题。随后这一话题的政治性和意识形态特性愈发凸显，但也让大多数人意识到了某些西方人的不可理喻。现在回过头来看，我国政府在环保议题上的判断和政策，都很得当：一开始就没有被西方观念所绑架，而是扎扎实实地发展自己的环保科技；在城市建设和工程开发中，不断斟酌方案、调动社会资源，采取社会、自然和科技融合的环保措施；2022年北京冬奥会，即是中国各种环保新技术、新材料的巨大演示场。当中国的环保科技实力增长时，便顺应技术规律和市场需求而广泛推广环保技术，并倡导推行碳排放税，把环保问题通过技术手段转化为经济激励政策。这让环保科技的升级和经济政策的制定都有了可操作性，进而有了更广大、更务实的施展空间。这又成为中国建筑企业继续探索新型房屋建造体系的持续动力来源，进而成为"基建出海"的又一大亮点。

第四，当中国"智能建造"和"数字平台"建设日趋完备时，我们在"一带一路"共建国家和地区建造房屋时，还能把中国人的技术哲学、自然观念和社会理想一并带到这些国家去。

专栏 5.18　新加坡国立大学设计与环境学院 SDE4 大楼

新加坡国立大学设计与环境学院 SDE4 大楼，展示了智能建造技术如何通过集成高效的能源系统、先进的监测和控制系统以及可再生能源的利用，实现建筑的净零能耗目标。该建筑是新加坡第一座净零能耗的建筑，也是东南亚地区第一座获得国际未来生活研究所（International Living Future Institute）零能耗认证的建筑。

SDE4 建筑采用了一系列智能建造技术，包括创新的混合冷却系统，有效降低建筑能耗，并密切监测入住率、空间使用情况、室内空气质量和天气状况，用于优化系统运行。此外，该建筑还配备了屋顶太阳能电池板，产生的电力足以为大楼的所有系统供电，多余的电力将动态输出到校园电网，供相邻建筑物使用。自 2019 年 1 月启用以来，SDE4 建筑产生的能量减去其消耗的能量，净剩余高达 460 兆瓦时。

资料来源：https://www.archdaily.cn/cn/914802/xin-jia-po-guo-li-da-xue-she-ji-yu-huan-jing-xue-yuan-serie-architects-plus-multiply-architects-plus-surbana-jurong。

专栏 5.19　荷兰阿尔梅勒的"库哈斯住宅"项目

荷兰阿尔梅勒的"库哈斯住宅"项目是一个展现智能技术如何推动可持续生活的案例。这个项目由大都会建筑事务所设计,是阿尔梅勒新城可持续发展计划的一部分,展示了在住宅建设中应用创新技术以实现环境友好型居住空间的可能性。

"库哈斯住宅"通过模块化设计理念,实现了快速组装和居住空间的个性化定制,满足了居民多样化的生活需求。项目采用了高效的绝缘材料和智能能源管理系统,显著降低了住宅的能源消耗。此外,集成的太阳能光伏板为住宅提供了清洁的可再生能源,进一步减少了对传统能源的依赖。

住宅的智能技术应用,如自动化照明和温度控制,不仅提升了居住舒适度,也通过优化能源使用进一步降低了能耗。绿色屋顶的设计不仅增加了城市的绿化空间,还提供了额外的生态效益,如提高空气质量和降低雨水径流。

资料来源:https://www.archiposition.com/items/879b6eba59。

5. 科技创新和产业升级

本书一直讨论的"万维社群"和"智能建造",都呼唤城乡规划、房屋生产观念与技术体系的全面变革。这种技术变革将引发现有设计业、建筑业、房地产业发生天翻地覆的变化,为相关科技发展开辟康庄大道。在科技创新和产业升级中,我们应在如下三个方面有所作为。

第一,政策制定者在这一过程中扮演至关重要的角色。他们需要提供激励措施和制定监管框架,以鼓励企业采用新技术,并确保这些技术的应用不会对社会和环境造成负面影响。这与汽车行业的监管机构在推广新能源汽车时所扮演的角色相似。

第二，智能建造的产业升级是一个整体的、连续的进化过程。它涉及从概念设计到最终产品下线的每一个环节，各个环节紧密相连，相互促进，形成一个高效、协调的生态系统。这套体系至为复杂，跨专业且有开放性的发展方向，可通过数字技术与各种产业相关联。我们没有现成的国际经验可直接借鉴，必须独自面对未知世界，所以此类研究的技术路线如何确定将是新时代的重大挑战。一旦技术路线选择有误，造成的经济、物质、人力上的损失无法计数，甚至可能引发房屋安全、数据安全或国家安全方面的损失。

第三，专业教育、继续教育和培训领域的改革必须尽快跟上，以确保从业人员能快速适应全新工作方式。而专业教育体系完善落地的最大难题还不在于跨专业、跨学科的教育和训练，更重要的是，我们完全不知道在数字媒体时代，如何应用一个尚未完全成形的体系，在连专业划分、教学方法、教学媒介还在急剧调整的教育体系内，打造出一套完整的、超前的教育课程体系。对现有专业课程的修修补补，肯定非正确可靠的途径。那么未来教育发展中，探索性和实验性恐怕会长期存在。大学专业教育的改革，可能还是一场巨大的社会观念变革的先导（见专栏 5.20、专栏 5.21 和专栏 5.22）。

专栏 5.20　英国的建筑业发展战略"Construction 2025"

在智能建造推动建筑行业技术革新和产业升级的国际案例中，英国的建筑业发展战略"Construction 2025"提供了一个深入分析视角。该战略旨在通过智能化、数字化、工业化等手段显著提升建筑产业的竞争力,具体目标包括到2025年将工程全生命周期成本降低33%,进度加快50%,温室气体排放减少50%,建造出口增加50%。

英国政府为实现这些目标,特别强调了业务流程、结构化数据以及预测性人工智能的集成,以实现基础设施建设和运营的智慧化。这一战略的实施,反映了智能建造技术在提升建筑行业效率、降低环境影响以及增强国际市场竞争力方面的重要作用。

在实施路径上,英国的"Construction 2025"战略不仅关注技术创新本身,而且采取了一个全面整合的方法,涉及政策制定、技术研发、市场适应性、服务能力提升以及人才培养等多个方面。通过这种方式,英国的建筑行业正在逐步转型为一个高度数字化和自动化的行业,其中智能建造技术的应用贯穿于项目规划、设计、施工以及后期运营和维护的整个生命周期。

资料来源:https://www.gov.uk/government/publications/construction-2025-strategy。

专栏 5.21　卢塞尔体育场项目

卢塞尔体育场是2022年卡塔尔世界杯的主场馆,由中国铁建国际集团有限公司承建。项目规模巨大,技术先进,展现了智能建造技术在国际工程项目中的深入应用。

卢塞尔体育场项目采用了建筑信息模型（BIM）技术，提高了设计的精确性，并且促进了项目团队之间的协作，确保了施工图纸与数量表的一致性，为项目提供了良好的管理平台，使体育场的设计、施工、运维等全生命周期中的信息相互关联并得到有效管理。项目还使用了智能建造技术，包括但不限于物联网、人工智能、5G等现代信息技术。这些技术的应用不仅提升了施工效率，还增强了建筑的节能环保性能，符合绿色建筑和可持续发展的要求。

资料来源：https://www.archdaily.cn/cn/1016465/lu-sai-er-guo-ji-zu-lian-ti-yu-chang-fu-si-te-jian-zhu-shi-wu-suo。

专栏 5.22　柬埔寨国家体育场项目

柬埔寨国家体育场项目是中国建筑在智能建造领域的一个国际案例，不仅展示了中国企业在国际建筑市场的影响力，也体现了智能建造技术在提升建筑质量和效率方面的重要作用。

在设计和施工管理上，项目团队运用了建筑信息模型（BIM）技术，通过三维可视化设计模型，优化了设计流程，减少了施工期间的管线冲突，并确保了施工图纸与数量表的一致性。BIM技术的应用，为项目的精确施工和管理提供了强有力支持，同时也提高了设计和施工的协同效率。

项目还涉及智能工地管理，利用物联网技术实现工程要素的互联互通，提高施工的智能化程度。通过智能化工程机械和自动化设备，提高了作业效率，减少了人力耗费，并且通过集成的项目管理软件和设备,监管施工进度,优化资源分配,确保施工安全。

在教育和培训方面,智能建造技术的应用要求从业人员必须掌握新的技能和知识,因此,项目需要对当地工人和管理人员进行培训,以适应新的工作方式。

柬埔寨国家体育场项目的成功实施,不仅提升了建筑的质量和可持续性,还通过国际合作和知识共享,加速了智能建造技术在全球范围内的推广和应用,共同推动了全球建筑产业的转型升级。

资料来源:https://csci.cscec.com/ywly/dwyj/202005/3078167.html。

6."城乡一体化"建设

今天的中国在经济、教育、医疗等社会资源的布局上的确有地区差异和城乡差异。国家出台的各项政策试图向相对落后地区倾注更多的公共资源,以增加中国民众的获得感和幸福感。

当"万维社群"和"新型地产""智能建造"模式共同推广时,必然要求一种"准国家视角",即全局的视角和俯瞰的视角(见专栏5.23、专栏5.24和专栏5.25)。"万维社群"时代的规划建设应基于地理信息系统(GIS),甚至应被纳入国土资源的管理框架中。从国土资源的角度看,田野草原、河湖山川、农田工厂、居住游乐、教育医疗等都是在国家版图内服务不同人群和产业的土地使用方式,涉及经济价值、社会价值、环保价值、国家安全等方方面面,甚至可以说,"万维社群"的规划视角与国土资源的逻辑其实更贴合。

因为数字技术和工程技术有突破行政边界的能力，所以基于"数字平台"的"智能建造"将能在房屋生产建造中突破既有的城乡界限，而政府需要做两件事：其一是为"万维社群""新型地产"、基于"数字平台"的"智能建造"创造机会；其二是把各种公共资源"注入"到"万维社群"相应的实体空间中。这就像通过政策规划和建筑工程而把各种公共资源"种在"了中华大地上，并逐渐生根发芽、开枝散叶，将在政策、经济、生活方式和科技发展几个方面，共同推进"城乡一体化"建设；而且这种模式有利于新质生产力的快速发展，有利于与智慧生活、智慧交通、智慧医疗、智慧教育等系统的顺畅联通，有利于创造更丰富多样的商业机会和人口就业，有助于增加中国城乡民众的获得感和幸福感，也是中国制度优越性的绝佳体现。

从这个意义上讲，"智慧城市"可进化为"智慧中国"或"智慧城乡"。

专栏 5.23　德国的智能建筑

作为工业 4.0 的发起者，德国的智能建筑不仅集成了先进的制造技术，还通过物联网、人工智能等技术实现了建筑的智能化管理和运营，这在城乡建设一体化中起到了关键作用。

通过智能规划和建设，德国能够在城市和乡村地区之间实现资源的高效分配和利用，促进了基础设施的均衡发展。智能建造技术的应用还有助于保护乡村地区的自然环境，通过高效的建筑设计和材料使用，减少了对环境的影响。

此外，德国的智能建造还强调了建筑的可持续性和生态友好性。德国的建筑师和工程师在设计建筑时，会考虑到建筑的生命周期评估，从材料选择到建筑拆除，都力求环境影响最小化。

资料来源：https://www.archdaily.cn/cn/936059/bo-lin-li-fang-ti-san-jiao-zhe-she-li-mian-bao-guo-xia-de-zhi-neng-jian-zhu-3xn。

专栏 5.24 新加坡的"智慧国 2025"计划

新加坡的"智慧国 2025"计划是一个全面推动城乡建设一体化的国际案例。该计划通过技术整合，旨在提升城市管理和服务的效率，实现可持续发展。在城市规划方面，新加坡政府运用地理信息系统（GIS）和建筑信息模型（BIM）技术进行综合模拟和优化，确保城乡空间布局、基础设施、交通网络和生态保护区域的资源配置最优化。

在设计和建造阶段，新加坡积极采用模块化和预制化建筑技术，加快建设速度，提高建筑质量，同时减少了对环境的影响。智能建筑技术的发展也让城乡建筑的能效管理更加精细化，通过集成化的智能建筑管理系统，实现能源使用、室内空气质量和居住舒适度的实时监控和优化。

基础设施层面上，新加坡建立了智能交通系统、智能电网和智能水务系统，这些系统通过数据分析和人工智能算法对交通流量、能源需求和水资源分配进行智能调控，提高了城乡基础设施的运行效率和可靠性。

此外，新加坡还将智慧城市的理念扩展到乡村地区，通过部署传感器网络和通信技术，实现对农业生产、自然资源和生态环境的实时监测和管理，这有助于提高农业生产效率并保护乡村的生态环境。

在社会服务方面，智能建造技术的应用为乡村居民提供了远程教育、远程医疗和电子商务等智能服务，有效缩小了城乡之间的服务差距，提升了乡村居民的生活质量（见图 5-8）。

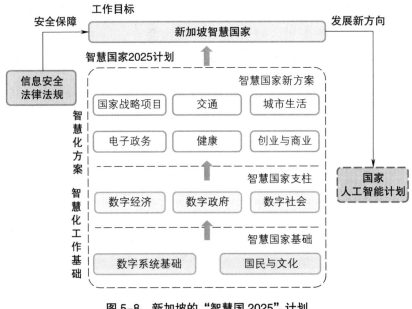

图 5-8　新加坡的"智慧国 2025"计划

新加坡的"智慧国 2025"计划展示了智能建造技术如何通过技术集成和创新管理，实现城乡均衡发展、资源高效利用和环境可持续性，为构建和谐、绿色、智能的城乡生活环境提供了有力支撑。

资料来源：http://world.people.com.cn/n/2014/0819/c1002-25490518.html。

专栏 5.25　荷兰的智能城市战略

荷兰的智能城市战略是城乡一体化发展的一个国际案例，该战略以可持续发展为核心，通过智能技术的应用，推动城市和乡村的均衡发展。荷兰城市规划者采用地理信息系统（GIS）和建筑信息模型（BIM）技术进行城市规划，优化土地使用和基础设施布局，确保城乡发展的一致性和协调性。模块化和预制化建筑技术的应用不仅提高了建设效率和建筑质量，还降低了成本并减少了对环境的影响。

在智能建筑技术方面，荷兰通过集成的智能建筑管理系统，实现了建筑能源使用的实时监控和优化，有效降低了能源消耗和碳排放。此外，智能交通系统、智能电网和智能水务系统的建立，提升了城乡基础设施的运行效率和可靠性。

智慧城市理念的引入，使乡村地区通过传感器网络和通信技术实现了对农业生产、自然资源和生态环境的实时监测和管理。这些措施提高了农业生产效率，并有助于保护乡村的生态环境。

在社会服务方面，智能建造技术的应用为乡村居民提供了远程教育、远程医疗和电子商务等智能服务，有效缩小了城乡之间的服务差距，提升了乡村居民的生活质量。

资料来源：https://helanonline.cn/article/16471。

7. "基建出海" 新模式

当中国的 "智能建造" 体系渐趋成熟后，将成为 "基建出海" 的新领域。

目前，中国的一些海外建设项目已使用了建筑信息模型（BIM）系统和智能施工管理系统，这可视为他们在国内施工经验的海外复制版本。但因为国内设计建造领域的数字化和智能化也并未全面普及，海外员工和基建条件的配合度更不稳定，所以 "智能建造" 的优势，还无法全面展现出来。

中国早期的基建出海项目主要是大型的土木工程，如道路、桥梁等。随着 "一带一路" 的影响愈发深入人心，此类项目还会不断增长。升级版的土木工程是高铁项目，不仅需要造桥、修路、铺设轨道，还有大量火车产品和中国高铁标准的出口。与之同步发生的是，中国 4G 和 5G 系统建设的出海。自 2022 年开始，中国新能源汽车在国外的认知度、认可度也大幅提升。汽车这种最具典型的高端工业产品，将在全球遍地开花。

我们可以把 "智能建造" 的出海想象成 "基建出海" 的另一种模式或另一个业务类型，因为有多年 "基建出海" 的深耕，国家和企业在一些城市和地区已有较扎实的文化、经济和政治影响，这将非常利于 "智能建造" 项目的实施；中国国企和民间商业活动愈发活跃，也带动了不少当地民众参与各项工程和商业活动，成为中国 "智能建造" 的可靠支持者；"基建出海" 完成的项目，港口、车站、道路、桥梁的建成，成为 "智能建造" 物流基础；5G 基站的建设和拓展，成为 "智能建造" 的坚实保证。

无论是早期的基建出海，还是新能源汽车的强势出口，都遵循同一逻辑：先在国内做好产品、建好体系、形成规模，一旦销往国外，必然在品质、价格、效率上全面开花，进而成为中国企业和国家形象的最好代言，中国"智能建造"的产业出海仍将延续这一规律（见专栏 5.26、专栏 5.27 和专栏 5.28）。

当我们的"智能建造""数字平台"和产业体系尚不完备时，中国国企的海外施工仍可延续现有模式，做好专业工作、培养本地人才，了解当地发展基建的人文和社会基础。

当中国"智能建造"体系渐趋成熟后，建设技术、管理方式等即可随着中国企业、民间公司、政府办公的海外驻地项目而进行规模化推广。这种做法的优势在于交流成本低、效果好，直接采用国内成熟房型产品即可，只需集中精力解决所在地的交通物流、地质差异等问题。此类项目若见效快，将更利于中国科技在当地的落地生根。这个过程，不仅是技术的输出，也是观念的输出。

针对一些重型设备或大量使用的施工原料，可考虑在当地建厂，培训本地工人，落实各种商务合作细节，甚至可用"智能建造"方式继续服务本地需求。对于那些中国企业深耕已久的国家和地区，这种建设场地和培训工人的模式已相当熟练，厂家和工人可直接转型服务本地"智能建造"。

随着"智能建造"体系在本地落地生根，各种环保材料和环保数据追踪方式也将顺利进驻。若能参照中国国内逐渐成熟的"万维社群"建设方式，将帮助欠发达国家和地区人民的生活水平实现弯道超车，与发达国家同步、渐渐进入数字 AI 时代的全新生活方式。

专栏 5.26 中国建筑五局在"一带一路"共建国家的项目

中国建筑五局已经在 21 个国家落地了项目，并且现在有 29 个海外在施项目。公司通过创新驱动海外业务的高质量发展，持续将高端建造技术带向国际市场，如自动化隧道超前地质预报和监测技术、大纵坡桥梁数控架桥技术等。这些技术提高了建设的安全性和效率，已经在多个海外项目中成功应用。

中国建筑五局正推动建筑业从劳动密集型向技术密集型转变，形成全产业链融合的智能建造产业体系。例如，"中建奇配"装配式机电模块化建造技术，可以提升大型综合设施的快速建造水平，将传统的机电安装工期压缩75%以上。这些技术的创新和应用，不仅提升了中国建筑企业的国际竞争力，也为"一带一路"共建国家建设了众多高质量的基础设施。

通过这些实践，中国建筑五局展现了智能建造在国际合作中的广泛前景，为国际基础设施建设提供了新的思路和解决方案。

资料来源：https://www.cscec.com/zgjz_new/xwzx_new/zqydt_new/202311/3728291.html。

专栏 5.27　阿布扎比的马斯达尔城项目

阿布扎比的马斯达尔城项目是一个智能建造在基建出海模式中的典型应用案例。该项目通过集成创新技术和智能系统，展示了如何将复杂的建筑制造过程转化为模块化和标准化生产，以实现高效、可持续和环境友好的建筑实践。

　　在设计阶段，马斯达尔城项目利用建筑信息模型（BIM）和虚拟现实（VR）技术进行建筑的数字化设计和模拟，这种设计不仅满足了功能和美学需求，还优化了材料使用、提升了能源效率，并考虑了后期维护成本。建筑组件在自动化工厂中预制，通过全球化供应链网络进行国际运输，预制过程中智能机器人和自动化生产线的使用确保了组件的质量和一致性，同时减少了浪费和环境影响。

　　在施工现场，预制组件通过精心规划的物流系统准时到达，并利用智能施工技术进行快速组装。施工现场广泛使用智能施工管理系统和智能施工机械，提高了施工效率，确保了施工过程的安全性和质量控制。

　　此外，马斯达尔城项目还涉及与当地政府和社区的紧密合作，确保项目符合当地的建筑规范、文化需求和可持续发展目标。这种合作模式表明，智能建造的出海不仅是技术的输出，更是文化和知识的交流。

　　在建筑运营阶段，集成的智能建筑管理系统和能源管理系统继续发挥作用，提高建筑的使用效率，降低运营成本，并减少对环境的影响。

　　通过这种集成化的流程，马斯达尔城项目实现了建筑项目的快速交付、成本效益和环境可持续性，为全球基础设施建设提供了新的可能性和方向，成为智能建造在国际基础设施合作中的应用典范。

　　资料来源：https://www.archiposition.com/items/77e68a3977。

专栏 5.28　　中集集团的模块化建筑出口案例

中国国际海运集装箱（集团）股份有限公司（以下简称"中集集团"）的模块化建筑出口案例是中国基建出海和集成房屋应用的一个典型代表。作为物流和设备制造的领军企业，中集集团开发了多种高层模块化建筑体系，并成功将这些技术应用于海外的多个项目中，如酒店、住宅、医院和学校等。模块化建筑的优势在于其能够减少现场施工时间、降低成本，并提高建筑质量，它减少对当地资源的依赖，能够快速响应市场需求，特别适合海外项目。

中集集团的这一战略体现了中国企业在"一带一路"倡议下的"基建出海"决心，不仅推动了中国制造的产品走向国际市场，而且促进了中国技术和标准的国际化。在出口过程中，中集集团注重本土化布局，根据目标市场的具体需求和条件定制产品，以提高市场接受度并减少文化和操作上的障碍。

资料来源：https://www.36kr.com/p/2012098487559554。

四、智能建造的人才培养

（一）智能建造与新型教育模式

1. 校企联合

国内外现有的"智能建造"教育模式有几个普遍特征，如校企联合、注重实践、国际视野、理论学习等。

"智能建造"教育的校企联合，对大学来说，涉及各种责权利关系的落实、学习成效的评估和细节安排。能与大学合作开设课程的建筑企业，可能得有等级和水平要求，且企业也得有充分的合作意愿。对企业来说，为何需要长期与大学合作？是否也应有科研成果或人才引进方面的收效？所以，合作办学或校企联合在本质上是大学院系与企业之间的合作攻坚、共同成长、互利互惠。只有双方都得到科研、专利、经济、人才和荣誉等方面的好处，产学研的合作才能长久存在，成为跨界科研合作的最佳动力。

在校企联合模式下，企业遇到的难题完全可为大学提供源源不断的科研课题；而大学师生的专业知识和研究能力也是企业难得的智力宝库。当然针对具体项目，科研团队的主力到底是学校还是企业，最终成果归属及署名排序，都需谨慎协商、认真落实，否则将影响双方长远合作的意愿和效率（见专栏 5.29 至专栏 5.34）。

专栏 5.29　德国的智能建造人才培养模式

德国的教育体系以其双元制职业教育而著称，这一体系将学校教育与企业实训紧密结合，确保学生能够在智能建造领域获得理论知识和实践经验的双重培养。在智能建造领域，德国的高等院校与企业紧密合作，共同开发课程内容、开展科研项目，并将最新的研究成果和技术创新融入教学过程，以保持教育内容的前沿性和实践性。

德国智能建造教育特别强调学生的实践能力培养，学生在学习期间有机会参与到真实建筑项目中，通过解决实际工程问题来提升自身的专业技能和创新能力。此外，德国高校还注重培养学生的国际视野，鼓励学生参与国际交流和海外实习项目，以适应全球化的建筑市场。

通过这种教育模式，德国成功地将传统建筑业与现代信息技术相结合，推动了建筑行业的转型升级，并在智能建造领域形成了独特的竞争优势。

资料来源：https://sino-german-dialogue.tongji.edu.cn/29/2c/c7120a76076/page.htm。

专栏 5.30　澳大利亚新南威尔士大学（UNSW）的智能建造人才培养模式

澳大利亚新南威尔士大学（UNSW）通过其建筑环境学院，提供了一个融合了土木工程、建筑管理、信息技术等多学科的课程体系，旨在培养学生在智能建造领域的全面能力。该校的课程设计不仅包含了智能建造技术的基础理论和应用，还特别强调项目管理、可持续性发展和创新思维的培养。

UNSW 的智能建造教育强调与行业的紧密联系，通过校企合作项目、实习机会和行业参与的教学活动，使学生能够直接接触到最前沿的建筑实践和技术应用。此外，UNSW 还注重学生的国际化经验，鼓励学生参与国际交流和实习，以适应全球化的建筑市场和工作环境。

通过这种教育模式，UNSW 成功地培养了一大批既懂技术又具国际视野的智能建造专业人才，为澳大利亚乃至全球的建筑行业输送了高质量人才。这些毕业生在智能建筑的设计、施工、运营和维护等方面发挥着重要作用，推动了智能建造技术的发展和建筑行业的创新。

资料来源：https://www.sohu.com/a/753813977_202156。

专栏 5.31 英国的建筑联盟学院

英国的建筑联盟学院（Architectural Association School of Architecture，以下简称"AA"）在智能建造人才培养方面展现了创新性和前瞻性。AA通过课程设置，将数字化设计、建筑信息模型（BIM）、计算机辅助设计（CAD）和计算机辅助制造（CAM），以及参数化建模等技术融入建筑教育中。这种模式不仅教授学生如何使用这些软件工具，还鼓励他们探索这些技术如何影响建筑设计和建筑建造的未来。

AA的智能建造教育强调实践和创新，学生通过参与实际项目和研究，能够将理论知识应用于解决现实世界中的专业问题。学院还与建筑行业紧密合作，确保教学内容与行业需求同步，并为学生提供实习和就业机会。

此外，AA的国际视野和跨学科合作也是其教育模式的重要组成部分。学生和教师来自世界各地，具有不同的文化和专业背景，这种多样性促进了创新思维的培养。学院还鼓励学生参与国际项目和竞赛，以拓宽他们的国际视野。

通过这种综合性的教育模式，AA培养了一大批在智能建造领域具有深厚专业知识和创新能力的毕业生。这些毕业生在建筑设计、施工、技术开发等方面发挥着重要作用。

资料来源：https://www.sohu.com/a/270291373_99895830。

专栏 5.32 同济大学的智能建造专业课程体系

上海同济大学的智能建造专业课程体系具有国际视野，结合了传统土木工程与现代信息技术，旨在培养学生在智能设计、施工、项目管理等方面的综合能力。该专业通过引入建筑信息模型（BIM）技术、3D打印、物联网等前沿技术，构建了一个面向全产业链的一体化的工程软件体系，以适应建筑行业的数字化转型。

同济大学的课程设置不仅包括理论知识，还特别强调实践教学，与企业合作提供实习基地，让学生参与真实项目，从而获得实际工作经验。此外，该专业还积极拓展国际合作，通过交换生项目和联合培养项目，开阔学生的国际视野，增强学生的竞争力。

在教学模式上，同济大学智能建造专业采用了"双高"人才培养模式，即注重培养学生的高素质和高技能。通过产学研一体化的教学模式，实现了教学内容与企业需求的紧密结合，同时，该专业也在智能建造领域的关键技术发展上进行了战略思考，以推动我国迈入智能建造世界强国行列。总体来说，同济大学的智能建造专业课程体系体现了对国际先进教育模式的借鉴和本土化创新，致力于培养能够适应未来建筑行业变革的高素质技术人才。通过紧密的产学研结合和国际合作，为学生提供了丰富的教育资源和实践机会，以应对智能建造领域的挑战。

资料来源：https://news.tongji.edu.cn/info/1003/76134.htm。

专栏 5.33　新加坡国立大学的智能建造课程体系

新加坡国立大学的智能建造课程体系更强调综合性教育，旨在通过跨学科融合，培养学生在技术与应用方面的全面能力。该课程体系通过整合土木工程、信息技术、数据科学和机械工程等多个学科领域的知识，为学生提供了一个全面了解智能建造领域的学习平台。

在课程内容上，强调技术与应用的结合，不仅教授学生与智能建造相关的理论知识，还注重实践技能的培养。学生有机会参与到真实的建筑项目中，通过实际操作来加深对智能建造技术的理解和提高应用能力。

此外，新加坡国立大学还注重国际合作与交流，通过与全球其他顶尖高校的合作项目，为学生提供了国际化的学习环境和视野。这种教育模式不仅提升了学生的国际竞争力，也促进了智能建造领域的国际交流与合作。

在教学方法上，新加坡国立大学还利用新媒体技术创新了多种教学模式，如项目导向学习、翻转课堂、在线课程等，以提高教学效果和学生学习体验。

总体来说，新加坡国立大学的智能建造课程体系通过跨学科融合、技术与应用并重、国际合作与交流以及创新教学方法，为学生提供了一个全面、深入、国际化的智能建造教育环境，培养了一大批高素质的智能建造专业人才，为推动智能建造领域的发展作出了重要贡献。

资料来源：https://www.sohu.com/a/420845828_99965316。

专栏 5.34 斯坦福大学的智能建造课程体系

斯坦福大学的智能建造课程体系强调多学科的融合和实践技能的培养。该课程体系不仅包括传统的土木工程知识，还整合了计算机科学、建筑学、机械工程和环境科学等多个学科领域的内容，以适应智能建造领域对跨学科知识的需求。

课程内容上，斯坦福大学注重技术与应用相结合，教授智能建造相关的理论知识，并通过实验室研究、项目实践和行业合作，让学生深入理解并掌握智能建造技术的应用。学生有机会参与到前沿研究项目中，如自动化施工技术、机器人技术、3D打印建筑和可持续建筑设计等。

斯坦福大学还特别强调创新思维的培养，鼓励学生探索智能建造领域的新理念、新技术和新方法。学校提供了丰富的资源，如创新实验室、创业孵化器和跨学科研究中心，支持学生开展创新项目和创业尝试。

此外，斯坦福大学还注重国际视野的培养，通过国际交流项目、海外研究机会和国际合作课程，让学生了解全球智能建造领域的最新动态和发展趋势。

在教学方法上，斯坦福大学采用了多种创新的教学模式，如翻转课堂、案例研究、团队项目和在线学习等，以提高学生的参与度和学习效果。

综上所述，斯坦福大学的智能建造课程体系通过多学科融合、技术与应用并重、创新思维培养、国际视野拓展和创新教学方法，为学生提供了一个全面、深入、国际化的智能建造教育环境。这不仅培养了学生的专业知识和实践技能，也激发了学生的创新精神，开拓了国际视野，为智能建造领域的发展培养了高素质的人才。

资料来源：https://lgwindow.sdut.edu.cn/info/1015/18559.htm。

2. 注重实践

严格说来，所有工程技术专业都注重专业实践，"智能建造"也不例外。各时期、各专业的差异主要在于实践场地、实践条件和训练内容不同。

当有了可靠的校企合作基础时，学生进入实际项目受训的概率更高、效果更好。对大学来说，哪个年级的学生适合在哪类项目中参与何种工作尚需讨论。麻烦在于，企业的业务发展与大学的教学安排，如时间、内容和深度等方面很难一致，可能导致不同年份的同一门实践课程差异很大。这必然成为大学教学和学生学习的困扰。

在"智能建造"的专业学习中，对各种工具软件的学习也很重要，这里可能也有隐含的问题。比如，随着各种工具软件的升级，每一届的教学训练内容都需调整，为了能让学生学习较高版本的软件，一般得请外聘教师来任教，而现在大学外聘教师的行政流程和审查制度，并不利于找到专业技能较高、操作较熟练的教师。还有，目前常用的软件，如建筑信息模型（BIM）系统尚未全面国产化。当我们自己开发的类似软件进入市场后，学生们还得重新学习。更重要的是，学生们在有限的大学学时中，是否总是需要分出一部分宝贵的教学课时来学习这些很快就会"过时"的内容和技巧？而且工具软件的学习使用，既非理论学习，甚至也非实践训练。这种无措感和无力感一直是困扰大学教学安排的难题。

3. 理论学习和教学方法

"智能建造"的理论学习内容宽泛，主要包括：①智能建造体系的建设和各种相关理论；②跨专业的学习内容，除设计和工程技术知识以外，信息工程、应用数学、经济预算、工程管理等方面的内容也应有所涉猎；③还要注重专业历史的学习，并了解各国智能建造体系的来源；④其他相关的历史文化知识。

智能建造不能被理解成一种"大号"的信息化控制系统，工程技术知识和相应的社会学、行为学、心理学和文化历史的学习，可能更有长远价值。现实操作中，同济大学的课程结构可能更有积极意义（见专栏5.32）。

常规教学方法仍然有效，但新媒体技术的介入也可充分利用在线教育、翻转课堂、沉浸式体验的方式来深化理论学习、弥补实践的不足。除大学、专科教育外，还应为继续教育和企业培训做好准备，多种上课方式也有利于大规模的人员培训。

4. 实验室建设

无论是弥补实践教学的不足、满足更多在校生和继续教育的需要，还是有效支持校企联合的科研项目，大学里的实验室可能也是"智能建造"教育的必要环节。一方面针对某些科研项目，特定的实验室和实验设备是必要条件；另一方面，实验室本身也是专业教学的重要课堂。对于校企共建的实验室，政府、大学还可有扶持计划，让实验室能真正成为各种材料、技术创新的发源地。

对于一些历史较长的综合性大学或理工科大学，还可把大学现有的实验室资源整合起来，投入"智能建造"的人才培养和科技创新。

（二）职业生涯与"游牧人生"

1. 设计师、工程师和"数字平台"

在讨论智能建造的文献中，很少有人会关注从业者的职业生涯，连在职员工的培训都很少进入学术讨论视野，最好的情况下也只是讨论大学教育中的"智能建造"课程改革。

无论是设计师、工程师还是施工的工长、工人，他们在产业发展中几乎都是无声无息的。在数字AI技术大发展的年代，在艺术家、文学家的工作也正被 AI 替代的时候，智能建造产业大发展之时，我们必须认真对待服务于大众、服务于这个产业的设计师、工程师和工人、工匠们的职业生涯和人生安排。可持续发展不应仅关注能源、污染一类的环境话题，还可以跟从业者的职业生涯、必要的转岗培训一并考虑。

本书认为，到了智能建造时代，建筑师和室内设计师的工作将融为一体：若项目非常复杂，可组团化工作，多名设计师和工程师协同工作；若为普通办公楼、快捷酒店或普通住宅，单个设计师与几位工程师合作即可完成任务。

无论从产业链还是 AI 平台的角度看，未来的设计师大致可分为三大类。

第一类：销售型设计师（Sales Designer），大致相当于"项目经理"。他们直接面对客户（个人、公司、企业或政府机构等），依托"智能建造数字平台"来工作。根据甲方要求和平台提供的设计方案以及自身的专业判断，提供详细的设计解决方案。我国疆土辽阔、人口众多，很多设计方案并不要求独一无二，更适合甲方的需求即可。其实，大多数设计师本来做的也是此类工作。销售型设计师完成的方案和生产建设工作流程，还可回馈"数字平台"，训练 AI 模型，让"平台"的 AI 计算愈发满足我们的使用习惯、技术逻辑和审美偏好。

第二类：工程师型设计师（Engineer Desinger），可直接进入"数字平台"工作，主要负责协助数学家和算法工程师持续优化平台产品和提高工作效率。随着各种新材料、新结构和新产品的出现，不仅会持续有设计师投身相关领域的研究，各种新材料、新设计的数据参数等也会不断进入"平台"。工程师型设计师不仅需深谙设计行业的各项工作细节，还能与其他专业的科学家和工程师有效沟通、协调工作。

因此，他们的艺术感悟能力、社会协作能力和科技知识基础能力都应进一步提高。他们是了解设计师需求、市场发展趋势，推动平台升级和行业发展的最重要一群人。

第三类：艺术家型设计师（Art Designer），是最接近艺术设计专业最初定位的一群人，他们的立身之本是不拘常规的独特创意。在任何社会中，具有此种能力并被市场认可的设计师都是少数。他们并非不使用"数字平台"或 AI 技术，而是可以不被平台所左右，能展现出超越其他设计师的更多想象力和更强艺术性。他们也会邀请其他艺术家、设计师和工程师，甚至数学家和材料学家参加工作，让方案的艺术或技术的创新之处能有效落地。甲方乐于支付更高费用，当然要求独一无二的艺术家设计，甚至还渴望占有最具先锋性的高新科技成果。这些艺术性、前沿性的设计，当然能对产业链升级、"数字平台"和 AI 算法进步有极大推动作用。此类设计费最高，完全符合市场逻辑，他们的设计成果不仅能回馈平台，还能有效启发和引导其他类型的设计师。

2. 工匠、技师和"数字平台"

"智能建造"时代的工匠技师们主要从"智能建造数字平台"上获取工作机会。他们的工作领域既涉及中小型的普通房屋，也可能是艺术型建筑的高品质建造项目，还可能服务于特殊设计的大型或超大型建设工程。或许到了那个时候，我们一直讨论的"智能建造数字平台"就应该有一个"专业人才数据库"板块，所有在职、持证上岗的工匠、技师，甚至设计师、工程师、造价师等专业人才，都可在系统中被查询到。

当然在"数字平台"上，我们并不能轻易看到每位从业者的详细资料，毕竟有个人隐私，甚至工程安全的考虑，但我们给每位从业者一个职业编号即可。这个职业编号是从业者的职业"身份证"，本人的职业档案、职级和诚信度等情况均与职业编号相关联。这种做法的积极作用非常明显，主要体现在以下三个方面。

一是这种操作会让从业者对自己的工作流程和工作严谨度，有更自觉的更高要求，在提高效率、减少错漏方面非常有效。

二是每位合格合规的从业者都在平台上有自己的"数据包"。而且随着从业者职业经历的增长，参与项目的评价越来越丰富，从业者的"数据包"还会越来越丰富。因为平台上的每栋房屋都有自己的"数据包"，因此平台能够把每位从业者和具体的房屋产品或不同生产阶段，紧密关联起来。

三是"数字平台"的强大功能可让从业者的所有工作成果都被量化或被如实记录下来，能随时提醒从业者许多工作细节。这时的"数据痕迹"累叠在一起就成为每位从业者的"职业档案"，既是行业发展历程的证明，也是个人价值的证据。

同时，这种做法的消极影响也可能从以下三个方面体现。

一是在这套运作体系里，工人技师的工作性质越来越像出租车或网约车司机，他们被平台派单，受平台的评价标准所支配。平台成为司机和乘客的"仲裁人"。看上去司机仍然为乘客服务，但从数字逻辑上讲，二者都是平台的用户，受平台支配，而自己服务和被服务的各种数据被平台收集，成了平台的数据源。

二是任何数字平台都只会按照最初设定来抓取数据、进行计算；即使真正到了 AI 时代，在工程技术领域，也很难允许 AI 算法自行发挥。这就意味着，数字 AI 时代的科技创新，不仅要在材料、科技和流程上有创新，还得花费气力突破原有的"数字框架"，因此这种依托既有数字平台和算法模式的一线工作领域，越是有突破性、创新性的探索，越无法在第一时间被平台所认可，甚至还可能受到平台的排挤和惩罚。

三是虽然工作档案"数据包"能帮助从业者记录工作中的各种技术细节，弥补人脑记忆的不足，但长此以往，人们就会非常依赖平台数据，人脑就成了平台的"外挂"设备。随着人工智能的发展，其结果将可能导致人们（至少是部分从业者）的头脑已显得可有可无。更何况，一旦平台设计或计算有漏洞时，受到影响的大量从业者甚至无法举证自己的损失。这或许也成为"数字平台"督促从业者工作、挤压工作条件的有效手段；而已经成为平台"外挂"设备的人脑从业者们，却愈发无声无息。

3. 从业者的"游牧人生"

我们在"万维社群"的讨论中，一直把重点放在房屋使用者一端。所谓"新型地产"和"智能建造"都是为了让普通的中国人能住上性价比更高的房子。人们可以不断追逐梦想，在全国各地的"万维社群"中度过"游牧人生"。但对那些设计、生产、建造房屋的生产者们来说，他们的生活又是怎样的呢？

当我们思考房屋的建设者、使用者和房屋本身的时候，一直缺乏一个视角——时间维度。无论是房屋还是人生，都有一个从出生到衰老的过程。我们曾经以为的最美好的生命场景，就是在自己出生的"老宅"中度过一生、安详辞世，这时候的"房屋"才真正成为"家园"——不仅在身体上如此，在情感上、精神上亦如此。而现代社会和数字 AI 时代的城乡生活，恐怕再也容不下这种生活方式和情感需求，甚至即使住在老地段的人们，也未必能一直住在老房子里。随着科技的进步，人们未必能获得曾经以为的幸福感，或者人们能与时俱进，找到新的情感媒介和情感寄托。

按照前文所述的"新型地产"和"智能建造"方式，房屋地基和主要结构的有效使用年限至少能达到60～80年；在此期间的房屋内部更新可能也有5～6次，设备更新次数可能更多，以适应生活方式的变化或房屋易手后的重新装修。如此一来，长租或短租于此的人，其实只是跟房子一起生活一段时间，这座房屋也只是其生命中的一个片段。

从建造者的视角看，特别是工匠技师们，他们最初进入行业的时间大约是20岁，20～40岁是他们体力最好、学习能力最强的阶段。但20年间，新的房型、新型建材、新型建造技术、更发达的AI技术层出不穷，大多数年届中年的工匠技师们，很难跟上技术的进步。如果他们能转岗到物业管理公司、房屋改造公司，专门负责他们在过去20年间建成的房屋是最好的去处。他们在这个岗位上应该还能正常工作一二十年。或许只有工匠技师们，才是最忠诚地陪着房屋老去的一群人。

在科技不断发展的时代，如何让技术逻辑与社会逻辑尽可能匹配？需要智慧，也需要情怀。

在我们能想象的场景中，设计师、工程师、工人技师们组成团队参与工程实践的方式还将长期存在。虽然他们每位从业者的工作成果、职业生涯都在平台上有详细档案，但这只能说明他们已经完成的工作，几乎无法描述他们的实际工作状态、他们的创新探索，也无法描述他们鲜活的生命力。与同行朋友们的协同合作、互相启发、共同进步，是所有实践工作中最基本和最重要的工作状态。在数字AI时代，这种方法反而可能更加重要。只有人类智慧才能不断总结前人经验，还能引导AI算法和智能建造技术持续发展的新方向。

人类亿万年的演化过程中，互相关爱的聚居生活方式已嵌入人类情感和精神生活的基因中。长期的离群索居，哪怕有生活物资的快递上门，也不可能是广受欢迎的生活方式。智能建造中的从业者们，在平台上有自己的工作档案、在现实中有自己的合作伙伴，他们的职业生涯就是随着我国各处城乡建设和改造项目的变迁而迁徙。他们的生活真的就像草原上逐水草而居的牧民，真的过上了"游牧人生"。他们生活的社群、聚集的城市，也成为我国社会进步和国家发展的现实缩影。

随着科技发展，人们能获得的生活资源、享受的方便舒适必然越来越多，但是人们的精神自由和心灵安慰，却未必能被长久关照。每一代劳动者都只能在具体的时空环境下寻求心灵安慰、寻求精神家园——这是永恒不变的课题。

后记：科技、人文与行政管理

行政管理与科技发展

过去几十年间，中国的科技飞速发展，既让中国人获得了前所未有的自豪感，但也可能诱发了我们潜在的、不自知的自满之心。

在一些专业单位、技术公司中，工程师、医师、教师等会对众多行政管理要求、越来越复杂的行政流程心生不满，因为这意味着专业人员的有效工作时间被无端浪费了。过去几十年间，中国社会的极大进步、科技跃升常被归因于"集中力量办大事"的举国体制，这当然离不开各行业、各层级中高效有序的行政管理体系。面对这种微观的不适应和宏观的高效率，我们应如何理解呢？

首先必须说明，任何科研、开发、技术类的专业工作，都需要有高水平的人员组织、工艺工法和技术流程做保证。只要涉及人员、物资、产品、市场的内容，就必须有"管理"工作的介入。虽然有所谓人力资源管理、企业管理、工程管理等不同类别，但其本质都是对上述若干要素的控制和组织，均属于广义的管理学领域，也与各机构单位的行政管理体系紧密关联。或者我们可以把管理学专业看作由专业管理与行政管理共同组成的管理专业网络体系。当社会机构越来越复杂，各专业发展越来越细化，各科技领域融合迭代的速度越来越快时，必然要求各专业的实操层面与管理触角间的衔接融合进一步深化和细化。从管理角度讲，这一趋势必然让管理上的判断和决策愈发复杂、愈发困难；从技术角度讲，任何重要的技术决策也受到更多、更复杂的非技术因素的影响，必然让从事技术工作的专业人员感觉身上的绑缚越来越多。

其次，几乎所有广义的专业技术人员，包括工程师、教师、会计、医生、律师等在专业教育中都会被强化对自己职业崇高性、神圣性的认同。通过理论和技能训练，这种认同还会慢慢内化为自己的职业素养和职业习惯，这甚至是大学专业教育的重要社会功能之一。这种培养方式有其积极的一面——必然有利于从业者基本素质的提升，更利于专业发展和社会服务，而其消极的一面却非常隐蔽（抑或是人们视而不见）——几乎所有专业人才都会有意无意地抬高自己专业的地位，与其他专业相比时，常认为自己的专业更加与众不同和无可替代。

任何专业的发展都需要人力、物力、资金等众多要素的投入。而且通常越是重要专业，其投入就越高、时间也越长，但最终成效还未必能与投入相匹配。当国家力量薄弱时——科技水平、科研经费、科技人员数量等——到底要先发展何专业、何领域，恐怕不是行业特点和专业逻辑就能决定的，而主要以国家安全和国家迫切需要的专业为准。只有当中国社会的物质财富积累、专业人员培养达到一定程度，许多人文和基础专业才有更大发展空间，比如艺术、数学、天文学、基础医学、基础物理等。

随着社会经济和科技的发展，所有行业的产业链和关联产业、关联部门涉及社会和物质资源的深度和广度都在快速增加。专业人士通常没意识到这对专业管理来说是极大挑战，更不理解专业化管理工作的复杂度和精细度也在增加，而只简单地将其理解为自己所在行业的专业化程度在增高。于是，越是专业人士就越希望大学培养的毕业生能快速上手工作，一方面，要求政策必须向一线工作倾斜，院系必须增加各种新型专业技能训练；另一方面，要求行政管理体系能越简便越好。

最后，大工科背景的专业人士、技术人员能在中国科技发展中发挥重大作用，其实还有强大的历史文化因素，这一点一直没有得到充分重视。中国科技人才受到的"规训"（借用米歇尔·福柯用语）一直是双重的，既有职业规训，又有社会规训。职业规训一般具有跨文化特征，也是大学专业训练的主要内容。社会规训则不同，一般非课堂教学内容，而主要受到本国、本民族历史传统和现实国情的深刻影响。一方面，这让大工科的专业人员比大文科更专业，通常也更具团队合作精神；另一方面，依靠团队和平台工作的人员，一旦新技术严重威胁了既有平台，技术的革新很难不遭到现有技术体系的抵抗。甚至，现有技术体系中的专业人员和科技精英可能成为新技术推展的阻力，技术体系规模越大，这种阻力也越强大。

当颠覆性的科技革命发生之时、当科技革命的规模极为巨大之时，专业团队和行政管理团队还可能出现以下问题：其一，既有工作模式必然让身处其中的工作人员的思维习惯、行为习惯和专业判断都与现有模式更匹配，体系内部很难产生接纳新技术的动力，不管是科技人员还是行政人员都如此；其二，即使有个别重视新技术和新平台的专业人士或管理人员存在，其实也只能从本专业甚至本人经验出发，基本无法窥得新技术发展的全貌，自然无法为行业发展作出准确判断、指明切实可行的道路。

那么，当新时代来临时，我们应如何自处呢？

第一，先看过去几十年间中国科技快速发展的根本原因。新中国成立以来的几乎所有科技成就都离不开"集中力量办大事"的举国体制，都来自科技人才、行政管理人员共同的社会规训，他们在这个层面达成了最大共识；他们的共同理想和互相激励，是中国科技发展最大的内生动力。

第二，中国的制度优势再次显现出来。新科技的出现和新生市场往往都不出现在既有体系中，也常受到现有技术和管理团体的怀疑或反对。人类历史一再重复这个规律，这绝非中国的特有现象。中国的特色在于我们的制度优势，它甚至能把这种现象的危害性降至最低：只要对社会和人民的长远发展有利，国家就会动用各种政策、法律、行政手段来调整社会资源，导向更有前景、更有利国家发展的科技轨道上来。对于因技术发展而影响就业前景的群体，国家会有一些就业培训、职业转岗和产业调整等政策。随着国家经济实力越来越强和政策手段越来越有力，此工作模式也会更加成熟。

第三，专业、管理、政策——多领域专家合作的"顶层智库团队"建设更显重要。数字时代的科技革命不同以往，其影响力愈发深刻而广远，因而此工作的重要性远超前代。高水平的智库建设恐怕很快将成为政府、大学研究院、公司企业等的现实需求。当研究范围、研究目标、研究层次和资金来源都愈发多样时，这些智库系统应能获得比现有大学和科研机构更有现实性和针对性的研究成果。为保证智库成果的有效性、保持研究态度的客观中立，智库建设应较为谨慎：其一，各智库的资金来源必须公示或在一定范围内可查询；其二，研究成果应尽可能公开发布，或在一定范围内公开，可免费或付费获取。针对未知世界、未知领域，谁也无法保证永远正确，但各类型层级的智库体系建设，形成积极的专业讨论环境，建构开明有序、百家争鸣的学术体系，肯定更有利于我们的科技和社会探索。

第四，如此看来，AI技术的发展不仅能提升效率，还可能带来意想不到的结果。初代的AI系统必然带来极大震撼，因为的确有些工作岗位会被替代，从业者转岗、转业或提前退休恐怕都难以避免。技术体系和社会体系的调整，在这个阶段会表现得最为剧烈。但当 AI 体系不断升级重组时，受到就业挤压的人口可能逐渐减少，投身新型岗位的人口还会获取科技红利。这样一来，AI 技术最终将把那些质疑新技术的专业群体排除在系统之外。这或许是科技发展的利好消息；但对人类社会和人类文明而言是否如此，还需要进一步观察研究。

人文学科与科技发展

在中国科技发展中，人文学科应承担哪些工作、扮演何种角色，我们似乎还需进一步厘清。20 世纪 50 年代，国家对工科教育的强调有其内在的社会背景和学术逻辑，这种背景和逻辑可能至今仍在起作用。

必须承认，任何国家工科领域的成长都不是靠一两位大师就能实现的，必须得有大批工程师群体参与，加之正规教育系统的长期耕耘，这一领域才能有整体进步。新中国成立以来的工业生产、工程实践和大学教育，以及此前发达国家的工业化过程都证实了这一点。中国历史和近现代以来的各国经验也说明了，大文科的发展只要有才华卓著的大师引领，即可奠定专业影响力。

更有意思的是，理科和工科、文史和艺术等专业常同时出现，但这些专业的内在逻辑却并不这么简单直接。比如，就工作方式、思考方式来讲，纯理科其实更接近于艺术家，而工程师与艺术设计师更相似。国内外的现代化建设过程都证明，当社会快速发展时，首先应注重工科和设计行业的大规模快速发展，其间或有天赋异禀的艺术家、文学家和科学家出现，但其成果的数量和丰富度有限。只有当社会普遍富裕，社会气氛愈发开明，特别是现代大学体系不断完善时，才能系统化地培养科学家和艺术家，他们的才华也才有更大施展空间。

　　过去几十年间，中国的人文类学科和理工类学科一直被分别对待，高中阶段的所谓"文理分科"是最典型的例子。21 世纪以来，中国的大学建设开始重新认识人文学科的重要性，于是各综合性大学增设了不少文科专业，文科招生数量也快速上升。当中国社会快速发展，适当扩大文科专业学科群并增加招生数量、增设课程和科研项目，本身是符合时代要求的，但大学现有的绩效评估方式却把事情导向了不可控的方向。

　　大学，尤其是研究型大学不断追赶国际领先、国际一流，其操作方式就是不断引入所谓国际标准和国际评估。因此几乎所有专业教师的学术成果，都得请所谓国际专家进行评审，而且为了公平还得是隐名评审。大学为此付出的时间、经济和人力成本极为可观。当研究课题和研究成果必须跟国际接轨时，必然在事实上导致文科的研究课题愈发远离中国国情，难以为中国当代科学和艺术发展指明方向，甚至可能因为价值观的混乱而对中国社会的发展起反作用。虽然未必所有教师学者都如此，但现有的追求国际化和公平性的教师评审方式，的确不利于建构独立自主的中国当代文科体系。不切实际的文科论调比比皆是。其可能的结果是：中国大学的人文学科并不能全面地、系统性地与中国的大工科形成良好互动，也难以为中国当代科学和艺术的发展指明方向。

　　无论在日常教学还是在本书撰写过程中，我越来越意识到独立自主的中国当代文科体系建设已经甚为迫切：①文科体系虽然受到中国古代和西方现代学科体系和教育结构的影响，但其最终成果应吸收二者优势，着重体现当代中国社会的内在规律、评价标准和精神境界。②中国的文科研究课题应首先解释和解决中国自己的问题，进而注重问题的普遍性和特殊性，关注解决问题的中国方式与其他文化的异同之处。③数字AI时代价值观的建立和塑造，既是中国课题、也是全球议题；用中国人的方式讨论全球议题、解决全球问题，是"讲好中国故事"的重要一环。④本书探讨的"智能建造"和"数字平台"建设，若抛开对中国深厚历史文化的研究，我们甚至无法找到更适合中国国情的技术路径；任何大规模的科学技术革命和技术体系建设，都绝非单纯的科技问题，其最终能否落地实施，在相当大程度上都不是科技问题，反而是文科学者的研究领域。⑤因中国科技和社会的快速发展，当代中国文科的分类方式和结构体系或可逐渐形成中国特色，其评价方式和品质要求，也将愈发具有中国特色。

以上是本书写作中的真切感悟，希望能与各界朋友交流畅谈。

聂影

2024 年 8 月 19 日